高等职业教育系列教材

数字身份认证

主　编　梁雪梅　　王松柏　　沈廷杰
副主编　武春岭　韦朋邑　唐乾林　李治国　陈永丰
参　编　周璐璐　赵　怡　唐继勇　何　欢　黄将诚

机 械 工 业 出 版 社

本书主要论述数字身份认证技术的广泛应用以及相关知识。全书共7章，第1章介绍公钥基础设施（PKI）的基本概念、功能、发展概况和典型应用；第2章讲述 PKI 相关的密码学基础知识；第3章介绍 PKI 的体系、结构和功能；第4章具体介绍 PKI 数字认证；第5章介绍 Kerberos 数字认证；第6章介绍微软数字认证；第7章介绍数字认证技术的热门应用。全书注重讲述技术实现和具体操作，减少纯理论性内容的讲解，以适应高职学生特点和高职教学需要。

本书可以作为应用型本科、高职高专及成人教育计算机、信息安全、密码技术等专业 PKI 相关课程的教材，也可作为学习 PKI 技术的参考书或培训教材。

本书配有授课电子课件，需要的教师可登录 www.cmpedu.com 免费注册，审核通过后下载，或联系编辑索取（微信：13261377872，电话：010-88379739）。

图书在版编目（CIP）数据

数字身份认证/梁雪梅，王松柏，沈廷杰主编．—北京：机械工业出版社，2022.8
高等职业教育系列教材
ISBN 978-7-111-70807-0

Ⅰ．①数…　Ⅱ．①梁…　②王…　③沈…　Ⅲ．①电子签名技术-高等职业教育-教材　Ⅳ．①TN918.912

中国版本图书馆 CIP 数据核字（2022）第 084008 号

机械工业出版社（北京市百万庄大街 22 号　邮政编码 100037）
策划编辑：王海霞　　责任编辑：王海霞
责任校对：张艳霞　　责任印制：张　博

北京建宏印刷有限公司印刷

2022 年 8 月第 1 版·第 1 次印刷
184mm×260mm·12.5 印张·309 千字
标准书号：ISBN 978-7-111-70807-0
定价：59.00 元

电话服务　　　　　　　　　　网络服务
客服电话：010-88361066　　　机　工　官　网：www.cmpbook.com
　　　　　010-88379833　　　机　工　官　博：weibo.com/cmp1952
　　　　　010-68326294　　　金　书　网：www.golden-book.com
封底无防伪标均为盗版　　　机工教育服务网：www.cmpedu.com

前　言

近几年来，随着互联网技术和信息化的迅速发展，出现了各种数字信息应用，如电子商务、网络资源访问、电子政务、邮件系统及电子公告栏等。数字身份认证技术是从事信息活动的实体间进行信息安全交互的重要基础之一。经过近几年的应用与实践，数字认证技术已经成为目前解决上述问题比较有效的措施，其相关知识和技术也成为信息安全技术专业学生必须掌握的核心知识和技术。

我们在教学实践中发现，目前适合高职信息安全技术专业教学使用的数字身份认证教材及参考书籍稀缺，不能满足专业教学需要。因此，为了更好地适应教学，满足学生未来的职业需求，我们联合相关行业、企业的有经验的专家共同开发了本书。本书主要针对高职学生学习需求和高职教育教学需求，采用项目案例引导、任务需求驱动的形式组织教材，精选最新社会案例，增加趣味性，将相对枯燥的基础知识贯穿于趣味盎然的故事中，激发学生学习兴趣，提高学习效率。

本书主要论述数字身份认证技术的广泛应用以及相关知识，旨在培养信息化建设中急需的安全产品支持、网络安全、风险评估工程师，重点培养学生对数字身份认证技术的认识以及个人、企业信息保护的方法在具体项目中的综合应用，培养学生的价值观、社会能力和综合职业能力，逐步促进学生职业素养的养成。同时，本书积极响应国家互联网信息办公室发布的《国家网络空间安全战略》和《关于加强网络安全学科建设和人才培养的意见》（中网办发文〔2016〕4号）等文件要求，从信息安全工程师类岗位的核心技能出发，结合全国信息安全管理与评估比赛的实践，在教材中融入了数字身份认证行业的新标准、新规范、新要求。

本书由重庆电子工程职业学院梁雪梅、王松柏、沈廷杰担任主编，梁雪梅、武春岭编写了全书大纲，并统稿。本书第1~4章由梁雪梅编写，第5章由王松柏编写，第6章由韦朋邑编写，第7章由沈廷杰编写，唐乾林、李治国、陈永丰、周璐璐、赵怡、唐继勇、何欢、黄将诚参与方案制定、大纲讨论和初稿的修改工作。本书从充分关注人才培养目标、专业结构布局入手，开发补充性、更新性和延伸性教辅资料，开发微课视频、电子课件等多种形式的数字化教学资源。本书在编写和出版过程中得到了单位领导和同事的支持，在此一并表示感谢。

由于编者水平有限且时间仓促，尽管我们花了大量时间和精力校验，但书中疏漏之处仍在所难免，敬请广大读者批评指正，万分感谢。

编　者

电子活页视频索引

名　　称	二　维　码	名　　称	二　维　码
1　网络攻击方法		7　密码技术概述	
2　信息收集——社交工程		8　密码学术语	
3　端口扫描		9　密码的分类	
4　漏洞扫描		10　密码破译	
5　网络监听（1）		11　数字签名的实现方法	
6　网络监听（2）			

目 录 Contents

前言
电子活页视频索引

第 4 章 PKI 数字认证 ……………… 73

第 5 章 Kerberos 数字认证 ……………… 115

Contents 目录

第6章 微软数字认证 ·············· 132

第7章 数字认证技术的热门应用 ·············· 153

第1章　PKI 概述

本章导读：

本章主要介绍公钥基础设施（Public Key Infrastructure，PKI）的概念及发展过程，并简单分析 PKI 各组成部分的内容。由于公钥基础设施必须有信息安全作为基础，因此本章也介绍了信息安全相关的基础内容。

学习目标：

- 了解网络信息安全的基本概念
- 掌握 PKI 的基本概念
- 掌握 PKI 的基本组成以及各组成部分的基本功能
- 熟悉 PKI 相关法律法规及产业政策

素质目标： 将法律法规、法治思维与信息系统安全知识相结合，分析网络安全法对信息系统安全保障作用，在提高信息安全专业技术知识的同时，也提高信息安全意识和法治意识。

1.1 网络攻击与防范

计算机网络出现后，在世界范围内得到了迅猛的发展，网络用户人数每年都呈几何级数增长。中国互联网络信息中心（CNNIC）发布的第 49 次《中国互联网络发展状况统计报告》显示，截至 2021 年 12 月，我国网民规模达 10.32 亿，互联网普及率达 73.0%，庞大的网民构成了我国蓬勃发展的消费市场，也为数字经济发展打下了坚实的用户基础。

截至 2021 年 12 月，62.0% 的网民表示过去半年在上网过程中未遭遇过网络安全问题，与 2020 年 12 月基本保持一致。此外，遭遇个人信息泄露的网民比例最高，为 22.1%；遭遇网络诈骗的网民比例为 16.6%；遭遇设备中病毒或木马的网民比例为 9.1%；遭遇账号或密码被盗的网民比例为 6.6%。

通过对遭遇网络诈骗网民的进一步调查发现，除网络购物诈骗外，网民遭遇其他网络诈骗的比例均有所下降。其中，虚拟中奖信息诈骗仍是网民最常遭遇的网络诈骗类型，占比为 40.7%，较 2020 年 12 月下降 7.2 个百分点；遭遇网络购物诈骗的比例为 35.3%，较 2020 年 12 月提升 2.3 个百分点；遭遇网络兼职诈骗的比例为 28.6%，较 2020 年 12 月下降 4.7 个百分点；遭遇冒充好友诈骗的比例为 25.0%，较 2020 年 12 月下降 6.4 个百分点；遭遇钓鱼网站诈骗的比例为 23.8%，较 2020 年 12 月下降 0.9 个百分点；遭遇利用虚假招工信息诈骗的比例为 19.8%，较 2020 年 12 月下降 1.1 个百分点。

以上数据说明我国的网民在上网过程中的网络安全防范意识正在逐步加强，但是网络安全问题仍旧存在，不容小觑。

1.1.1　常见的网络攻击方式

对常见的网络安全事件进行分析后，可以总结出基本的网络攻击形式有 4 种：中断、截获、篡改、伪造，如图 1-1 所示。

图 1-1a 表示的是在没有攻击发生的正常情况下，信息从信源传送到信宿的过程。

图 1-1b 表示的是中断攻击。中断是以可用性作为攻击目标，它毁坏系统资源，切断通信线路，或使文件系统变得不可用。拒绝服务攻击、制造并传播病毒等属于中断攻击。

图 1-1c 表示的是截获攻击。这是以保密性作为攻击目标，非授权用户通过某种手段获得通信信息，如搭线窃听、非法复制、截获个人信息等。这种攻击会给通信带来很大的隐患，因为通信双方可能在不知道的情况下已经泄露了机密信息。

图 1-1d 表示的是篡改攻击。这是以信息的完整性作为攻击目标，非授权用户不仅获得对系统资源的访问，而且对文件进行篡改，如改变文件中的数据、修改网上传输的信息等。可以用消息摘要的方式防范这种攻击。

图 1-1e 表示的是伪造攻击。这是以信源的完整性作为攻击目标，非授权用户将伪造的数据插入到正常的系统中，发布欺诈诱骗信息、假冒网站，或者未经授权使用、获取系统资源和权限。

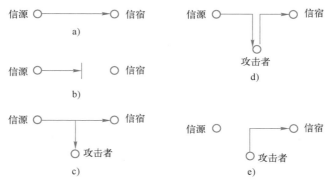

图 1-1 网络攻击的几种形式

a）正常网络信息传输 b）中断攻击 c）截获攻击 d）篡改攻击 e）伪造攻击

1.1.2 网络信息安全的概念

网络信息安全是一个复杂的领域，是一门涉及计算机科学、网络通信技术、密码学、应用数学、数论、信息论等多学科的综合性学科。网络信息安全又与网络系统的硬件、软件、网络、数据等复杂系统有关，是与信息、人、组织、网络、环境有关的技术安全、结构安全和管理安全的总和。网络信息安全的基本属性包含信息在存储、处理和传输过程中的可靠性、可用性、保密性、完整性、不可抵赖性和可控性。

- 可靠性（reliability）：指信息系统能够在规定条件下和规定的时间内完成规定功能的特性。
- 可用性（availability）：指信息可被授权实体访问并按需求使用的特性，是系统面向用户的安全性能。
- 保密性（confidentiality）：指信息不被泄露给非授权的用户、实体或过程，或不被其利用的特性。
- 完整性（integrity）：指网络信息未经授权不能进行改变的特性，即信息在存储或传输过程中保持不被偶然或蓄意地删除、修改、伪造、乱序、重放、插入等破坏和丢失的特性。

- 不可抵赖性（non-repudiation）：指在信息交互过程中，确信参与者的真实同一性，即所有参与者都不可能否认或抵赖曾经完成的操作和承诺的特性。
- 可控性（controllability）：指对信息传播及内容具有控制能力的特性。

为了满足上述网络信息安全特性，ISO7498-2 提出的安全机制主要有以下几个。

- 密码机制（encipherment）：密码技术提供数据或信息交互的保密性，而且对其他安全机制也起着非常重要的基础作用。
- 数字签名机制（digital signature mechanism）：应用公钥密码体制，使用私钥进行签名，公钥进行验证，防止否认、仿造、篡改和冒充等安全方面的问题。
- 访问控制机制（access control mechanism）：访问控制机制是从计算机系统的处理能力方面对信息提供保护，防止资源的非授权使用或越权使用。
- 数据完整性机制（data integrity mechanism）：通常使用消息摘要加时间戳信息的形式来判断消息是否被篡改或重发，消息摘要很多时候使用散列函数（也叫 Hash 函数）来产生。

此外，还有验证交换机制、业务流填充机制、仲裁机制、可信功能等。

1.2　PKI 的基本概念

1.2.1　基础设施的概念和特点

基础设施一般是由政府提供给公众享用或使用的公共产品，所以经常称为"公共基础设施"。基础设施建设是经济发展的奠基石，在经济学上，是一种"社会先行资本"（Social Overhead Capital，SOC）。例如我国各地的招商引资，在招商之前都要做大量的基础设施建设，以达到吸引资金的目的。基础设施建设也是保障和改善民生的需要，其建设水平直接影响和决定人民的生活水平和质量，影响民众的幸福指数。

基础设施出现在人们生活的方方面面，主要包含以下几个方面。

- 交通：包括地面交通、航空、水道和港口和联合运输设施。
- 电力：包括电力生产和电力传送设施，如水电站，煤、石油、天然气发电站，高压电传输线，变电站，电力分配系统和控制中心，服务和保护设施，核电站等。
- 给水和污水处理设施：包括给水供应设施，如给水和水处理厂、主要供水线、井、机械和电力设备；供水的构筑物，如大坝、临时性的支路、构筑物、水道和沟渠；污水处理设施，主要有污水管线、化粪池、污水处理厂等。
- 通信：包括电话网、电视网、无线和卫星网络、信息高速公路网络等。
- 垃圾处理：包括垃圾填埋、处理厂，循环利用设施等。
- 燃气供应及管道设施：如燃气生产厂、管道、控制中心、储存柜、维护设施等。
- 石油运输设施：如输油管道等。
- 公共建筑设施：包括学校、医院、政府办公楼、警察局、消防站、邮局、监狱、法庭、剧场、会议中心、展览中心、体育馆、电影院等建筑物。
- 休闲设施：主要是指公园和广场。

分析上述基础设施，可以总结出基础设施的一些共同点如下。

- 可信机构（政府）兴建和管理。
- 有统一的标准。如电力基础设施中，有统一的供电标准、统一的用电标准（市电 220 V 等）、统一的接口规范（电源插座的设计规范等）。网络基础设施中，有统一的数据传输规范、统一的接口规范、统一的网络协议等。
- 便捷的使用（接入）。只要遵循相关设施的使用原则，不同的实体都可以方便地使用基础设施提供的服务。
- 根据环境的不同，实现方式可以略有不同。如在网络基础设施中，不同的物理层接口规范有所不同。
- 不同实现方式之间具有互操作性。如手机可以拨打座机，移动终端上网和台式 PC 上网可以互联等。
- 支持新的应用扩展。如新的电气设备可以在原有的电力基础设施上应用等。

1.2.2　PKI 的概念

PKI 是利用公钥理论和技术建立的提供信息安全服务的基础设施，是生成、管理、存储、分发和撤销基于公钥密码学的公钥证书所需要的硬件、软件、人员、策略和规程的总和，提供身份鉴别和信息加密，保证数据的完整性和不可否认性。

PKI 是一种普遍适用的网络信息安全基础设施，最早是 20 世纪 80 年代由美国学者提出来的概念。实际上，授权管理基础设施、可信时间戳服务系统、安全保密管理系统、统一的安全电子政务平台等系统的构建都离不开 PKI 的支持。PKI 是目前公认的保障网络信息安全的最佳体系。

PKI 的主要组成部分包括权威认证中心（Certificate Authority，CA，如政府部门）、证书库、密钥备份及恢复系统、证书作废处理系统、PKI 应用接口系统等。各部分的主要功能如下。

- 认证中心是证书的签发机构，它是 PKI 的核心，是 PKI 中权威的、可信任的、公正的第三方机构。
- 证书库是数字证书（Digital Certificate）的集中管理、存放地，提供公众查询。数字证书就是标志网络用户身份信息的一系列数据，用来在网络通信中识别通信各方的身份。数字证书是一个经认证中心数字签名的包含公开密钥拥有者信息以及公开密钥的文件。证书库包含的信息：证书使用者的公钥值、使用者的标识信息、证书的有效期、颁发者的标识、颁发者的数字签名等。
- 密钥备份及恢复系统对用户的解密密钥进行备份，以便在密钥丢失时进行恢复，而签名密钥不能备份和恢复。
- 证书作废处理系统，当证书由于某种原因（密钥丢失、被泄露、过期等）需要作废、终止使用时，将证书放入证书撤销列表（Certificate Revocation List，CRL）进行管理、存放，提供公众查询。
- PKI 应用接口系统，为各种各样的应用提供安全、一致、可信任的接口与 PKI 系统进行交互，确保所建立起来的网络环境安全可信，并降低管理成本。

1.2.3　PKI 的特点

PKI 作为一种信息安全基础设施，其目标就是要充分利用公钥密码学的理论，建立起一种普遍适用的基础设施，为各种网络应用提供全面的安全服务。公开密钥密码提供了一种非对称性质，使得安全的数字签名和开放的签名验证成为可能，而这种优秀技术的使用却面临着开发者理解困难、实施难度大等问题。正如让每个人自己开发和维护发电厂有一定的难度一样，要让每一个开发者完全正确地理解和实施基于公开密钥密码的安全系统也会有一定的难度。PKI 希望通过一种专业的基础设施的开发，让网络应用系统的开发人员从烦琐的密码技术中解脱出来，同时享有完善的安全服务。

PKI 作为基础设施，提供的服务必须简单易用，便于实现。将 PKI 在网络信息空间的地位与电力基础设施在工业生活中的地位进行类比，可以更好地理解 PKI。电力基础设施通过延伸到用户的标准插座为用户提供能源，而 PKI 通过延伸到用户本地的接口为各种应用提供安全的服务。有了 PKI，安全应用程序的开发者不用再关心那些复杂的数学运算和模型，而直接按照标准使用一种插座（接口）。正如电冰箱的开发者不用关心发电机的原理和构造一样，只要开发出符合电力基础设施接口标准的应用设备，就可以享受基础设施提供的能源。

PKI 与应用的分离也是 PKI 作为基础设施的重要特点。正如电力基础设施与电气设备的分离一样，网络应用与信息安全基础设施实现分离，有利于网络应用更快地发展，也有利于信息安全基础设施更好地建设。正是由于 PKI 与其他应用能够很好地分离，才使其能够被称为基础设施，PKI 也才能从千差万别的安全应用中独立出来，才能有效地独立地发展壮大。PKI 与网络应用的分离，实际上就是网络社会的一次分工，可以促进各自独立发展，并在使用中实现无缝结合。

CA 认证系统要在满足安全性、易用性、扩展性等需求的同时，从物理安全、环境安全、网络安全、CA 产品安全以及密钥管理和操作运营管理等方面严格按照标准制定相应的安全策略；要有专业化的技术支持力量和完善的服务系统，保证系统 7×24 小时高效、稳定运行。

1.3　PKI 的功能

PKI 可以解决绝大多数信息安全问题，并初步形成了一套完整的解决方案，它是基于公开密钥理论和技术建立起来的安全体系，是提供信息安全服务的具有普适性的信息安全基础设施。PKI 体系为网上金融、网上银行、网上证券、电子商务、电子政务、网上交税、网上工商等多种网上办公、交易提供了完备的安全服务功能，这是公钥基础设施最基本、最核心的功能。

PKI 提供的系统功能是指 PKI 的各个功能模块分别具有的功能，主要包括证书的审批和颁发、密钥的产生和分发、证书查询、证书撤销、密钥备份和恢复、证书撤销列表管理等，将在第 3 章详细介绍。

PKI 体系提供的信息安全服务功能主要包括：身份认证、数据完整性、数据机密性、不可否认性、时间戳服务等。

1. 身份认证

身份认证的实质就是证实被认证对象是否属实和是否有效的过程，常常被用于通信双方相互确认身份，以保证通信的安全。其基本思想是通过验证被认证对象的某个专有属性，达到确认被认证对象是否真实、有效的目的。被认证对象的属性可以是口令、数字签名或者指纹、声音、视网膜等生理特征。

目前，实现身份认证的技术手段很多，通常有口令技术+ID（实体唯一标识）、双因素认证、挑战应答式认证、著名的 Kerberos 认证系统，以及 X. 509 证书及认证框架。不同的认证方法所提供的安全认证强度也不一样，上述认证方法具有各自的优势和不足，适用于不同安全强度要求的应用环境。

PKI 的身份认证技术使用的是基于公钥密码体制的数字签名。PKI 体系通过认证中心为每个参与交易的实体签发数字证书，数字证书中包含证书所有者的信息、公开密钥、证书颁发机构的签名、证书的有效期等信息，私钥由每个实体自己掌握并防止泄密。在交易时，交易双方就可以使用自己的私钥进行签名，并使用对方的公钥对对方的签名进行认证。

2. 数据完整性

数据的完整性就是防止篡改信息，如修改、复制、插入、删除等。在交易过程中，要确保交易双方接收到的数据和从数据源发出的数据完全一致，数据在传输和存储的过程中不能被篡改，否则交易将无法完成或所做交易违背交易意图。

在很多情况下，直接观察原始数据的状态来判断其是否被改变是不可行的。如果数据量很大，将很难判断其是否被篡改，即完整性很难得到保证。在密码学中，通过采用安全的散列函数（又称杂凑函数、Hash 函数）和数字签名技术实现数据完整性保护，特别是双重数字签名可以用于保证多方通信时数据的完整性。这种方法实际就是通过构造杂凑函数，对所要处理的数据计算出固定长度（如 128 bit）的消息摘要或称消息认证码（MAC）。Hash 算法的特点决定了任何原始数据的改变都会在相同的计算条件下产生不同的 MAC。这样在传输或存储数据时附带该消息的 MAC，通过验证该消息的 MAC 是否改变，来高效、准确地判断原始数据是否改变，从而保证数据的完整性。

Hash 算法的设计依赖于构造合理的杂凑函数。可以设计专用的 Hash 算法，例如，目前比较成熟的、标准的 Hash 算法 SHA-1、MD5 等，也可以通过标准的分组密码算法来构造 Hash 算法，在实际应用中，通信双方通过协商以确定使用的算法和密钥，从而在两端计算条件一致的情况下，对同一数据应当计算出相同的算法来保证数据不被篡改，保证数据的完整性。

3. 数据机密性

数据的机密性就是对传输数据进行加密，从而保证数据在传输和存储中，未授权的人无法获取真实的信息。数据的加解密操作通常用到对称密码，这就涉及会话密钥分配的问题，PKI 体系下的密钥分配可以通过公钥密码分配方案很容易地解决。

4. 不可否认性

不可否认性是指参与交互的双方都不能事后否认自己处理过的每笔业务。具体来说，主要包括数据来源的不可否认性、发送方的不可否认性，以及接收方接收后的不可否认性，还有传输的不可否认性、创建的不可否认性和同意的不可否认性等。PKI 所提供的不可否认功能是基于数字签名及其所提供的时间戳服务功能的。

在进行数字签名时，签名私钥只能被签名者自己掌握，系统中的其他参与实体无法得到该密钥，保证了只有签名者自己能做出相应的签名，其他实体是无法做出这样的签名的。这样，签名者从技术上就不能否认自己做过该签名。为了保证签名私钥的安全，一般要求这种密钥只能在防篡改的硬件令牌上产生，并且永远不能离开令牌，以保证签名私钥的安全。

再利用 PKI 提供的时间戳服务功能，来证明某个特别事件发生在某个特定的时间或某段特别数据在某个日期已存在。这样，签名者对自己所做的签名将无法否认。

5. 时间戳服务

时间戳也叫作安全时间戳，是一个可信的时间权威，使用一段可以认证的完整数据来表示时间戳。最重要的不是时间本身的精确性，而是相关时间、日期的安全性。支持不可否认服务的一个关键因素就是在 PKI 中使用安全时间戳，也就是说，时间源是可信的，时间值必须特别安全地传送。

PKI 中必须存在用户可信任的权威时间源，权威时间源提供的时间并不需要正确，仅仅需要用户作为一个参照"时间"，以便完成基于 PKI 的事件处理，如事件 A 发生在事件 B 的前面等。一般情况下，PKI 系统中都设置一个时钟系统用来统一 PKI 的时间。当然也可以使用世界官方时间源所提供的时间。一份文档上的时间戳涉及对时间和文档内容的杂凑值（Hash 值）的数字签名。权威的签名提供了数据的真实性和完整性。

虽然安全时间戳是 PKI 支撑的服务，但它依然可以在不依赖 PKI 的情况下实现安全时间戳服务。一个 PKI 体系中是否需要实现时间戳服务，完全依照应用的需求来决定。

1.4　PKI 的发展概况

自 20 世纪 80 年代美国学者提出 PKI 的概念以来，PKI 已经经过了 30 多年的发展历程，下面简要回顾具有标志性意义的时间节点，以加深对 PKI 发展的了解。

1996 年，美国成立了联邦 PKI 指导委员会，以推进 PKI 的开发、应用。同年，Visa、Master Card、IBM、Netscape、Microsoft 以及数家银行推出 SET 协议，同时推出 CA 和证书概念。

1999 年，PKI 论坛成立，制定了 X.500 系列标准。

2000 年 4 月，美国国防部宣布要采用 PKI 安全倡议方案。

2001 年 6 月 13 日，在亚洲和大洋洲推动 PKI 进程的国际组织宣告成立，该国际组织的名称为"亚洲 PKI 论坛"，其宗旨是在亚洲地区推动 PKI 标准化，为实现全球范围的电子商务奠定基础，其成员包括日本、韩国、新加坡、中国等。论坛呼吁加强亚洲国家和地区与美国 PKI 论坛、欧洲 EESSI 等 PKI 组织的联系，促进国际 PKI 互操作体系的建设与发展。

1996—1998 年，国内开始电子商务认证方面的研究，尤其中国电信派专家专门去美国学习 SET 认证安全体系。

1997 年 1 月，科技部下达任务，中国国际电子商务中心（CIECC）开始对认证系统进行研究开发。

1999 年，上海 CA 中心开始试运行。

1999 年 10 月 7 日，《商用密码管理条例》颁布。

1999—2001 年，中国电子口岸执法系统完成。

2000 年 6 月 29 日，中国金融认证中心（CFCA）挂牌成立，它是经中国人民银行和国家信息安全管理机构批准成立的国家级权威的安全认证机构，也是《中华人民共和国电子签名法》颁布后，我国首批获得电子认证服务许可的电子认证服务机构之一。

我国国内 PKI 的发展有过一段过热期，先后成立了大小 70 多家 CA，目前常用的 10 家左右。全国性的 CA 有金融 CA、电信 CA、海关 CA 等；地方性的 CA 有北京 CA、上海 CA、福建 CA、山东 CA 等；各自的应用领域不尽相同。

我国多数 CA 采用的都是国内厂商的技术，CFCA 采用的是加拿大 Entrust 公司的技术，核心加密部分是国产化。目前来看，国外的安全技术依然高出国内相当水平。

1.5 项目1 身份认证安全性演示

1.5.1 任务1 弱安全性远程登录

实训目的：学生能够掌握如何在 DOS 环境下进行远程登录，理解其安全性。

实训环境：装有 Windows 7 及以上操作系统的计算机。

项目内容

远程登录（Telnet）是 Internet 的一种特殊服务，它是指用户使用 Telnet 命令，通过网络登录到远在异地的主机系统，把用户正在使用的终端或主机虚拟成远程主机的仿真终端，仿真终端等效于一个非智能的机器，它只负责把用户输入的每个字符传递给主机，再将主机输出的每个信息回显在屏幕上，从而使用户可以像使用本地资源一样使用远程主机上的资源。提供远程登录服务的主机一般都位于异地。

1. 远程登录（Telnet）服务步骤

使用 Telnet 一般包含以下 4 步。

1）在本地主机"开始"菜单中的"运行"文本框中输入"CMD"，打开命令提示符窗口。

2）运行本地的 Telnet 程序，在运行命令行或命令提示符下执行 Telnet 命令。

3）与远程主机 192.168.0.65 建立连接，如图 1-2 所示。

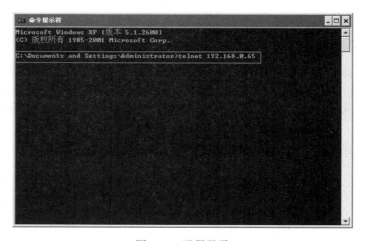

图 1-2　远程登录

4）远程执行各种命令。

2. Telnet 的常用命令

（1）open

格式：open　hostname

该命令用来建立到主机的 Telnet 连接，要求给出目标机器的名字或 IP 地址。如果未给出机器名，Telnet 就将要求用户选择一个机器名；如果连接到了远程主机，系统将提示用户输入用户名和密码，只有输入正确的用户名和密码才能登录成功。

（2）display

使用 display 命令可以查看 Telnet 客户端的当前设置。

（3）close

该命令用来终止远程连接，但并不中止 Telnet 程序的运行。

（4）quit

该命令用来中止 Telnet 程序。若一个远程连接程序仍是运行的，quit 命令将会终止它。

3. Telnet 的优点与缺点

（1）优点

1）Telnet 定义一个网络虚拟终端为远程系统提供一个标准接口。客户端程序不必详细了解远程系统，只须构造使用标准接口的程序。

2）Telnet 包括一个允许客户端和服务器协商选项的机制，而且它还提供一组标准选项。

3）Telnet 对称处理连接的两端，即 Telnet 不强迫客户端从键盘输入，也不强迫客户端在屏幕上显示输出。

（2）缺点

1）没有加密保护，远程用户登录传送的账号和密码都是明文，使用普通的监听软件就可以被截获。

2）没有强力认证过程。只是验证连接者的账号和密码。

3）没有完整性检查。传送的数据都没有加密，没有办法确认传送的数据是否是完整的，是否是已被篡改过的数据。

4. 应用 Wireshark 监听软件抓取 Telnet 密码

1）打开 Wireshark 软件，如图 1-3 所示，抓取所有经过网卡的报文。

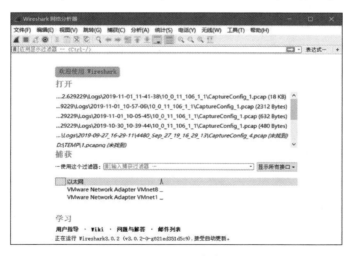

图 1-3 Wireshark 软件界面

2）选择正确的网卡：如果有多块网卡，需要选择抓包的网卡，如图 1-4 所示。

3）单击"开始"按钮以后，就会开始抓包，图 1-5 所示，正在抓包中。

4）此时，在主机上执行 Telnet 命令进行远程登录，在登录时，输入的用户名和密码就会被 Wireshark 抓取。图 1-6 所示为输入 telnet 筛选得到的结果。

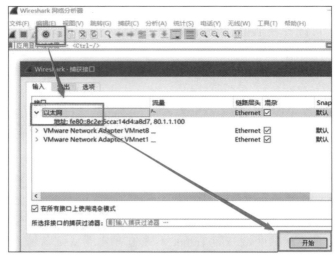

图 1-4　选择网卡

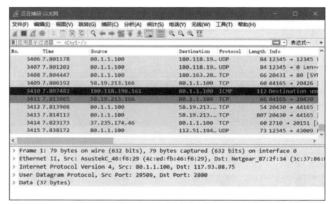

图 1-5　抓包过程

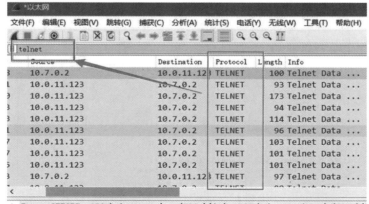

图 1-6　telnet 筛选

5）过滤以后，用户名和密码就隐藏在这些报文里面。也可以使用 Wireshark 的"追踪流"功能，把报文的所有内容都显示出来。如图 1-7 所示，选择一个报文，单击鼠标右键并在弹出的快捷菜单中选择"追踪流"→"TCP 流"命令。

6）最终得到的用户名和密码如图 1-8 所示。

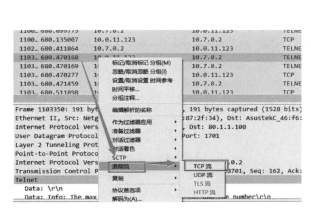

图 1-7　TCP 流

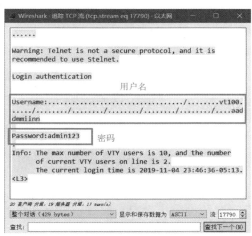

图 1-8　截取信息

1.5.2　任务 2　SSH 安全登录

实训目的：掌握如何实现安全的远程登录，理解其操作原理。

实训环境：PACKET TRACER 仿真软件。

项目内容

安全外壳（Secure Shell，SSH）是由因特网工程任务组（The Internet Engineering Task Force，IETF）制定的建立在应用层基础上的安全网络协议。它是专为远程登录会话和其他网络服务提供安全性的协议，可有效弥补网络中的漏洞。通过 SSH，可以把所有传输的数据进行加密，也能够防止 DNS 欺骗和 IP 欺骗。还有一个额外的好处就是传输的数据是经过压缩的，所以可以加快传输的速度。目前 SSH 已经成为 Linux 系统的标准配置。

1. SSH 的安全机制

SSH 之所以能够保证安全，原因在于它采用了非对称加密技术（RSA）加密了所有传输的数据。

传统的网络服务程序，如 FTP、Pop 和 Telnet，其本质上都是不安全的，因为它们在网络上用明文传送数据信息、用户账号和用户口令，很容易受到中间人（man-in-the-middle）攻击。也就是存在另一个人或者一台机器冒充真正的服务器接收用户传给服务器的数据，然后再冒充用户把数据传给真正的服务器。

但并不是说 SSH 就是绝对安全的，因为它本身提供两种级别的验证方法。

第一种级别（基于口令的安全验证）：只要用户知道自己的账号和口令，就可以登录到远程主机。所有传输的数据都会被加密，但是不能保证用户正在连接的服务器就是自己想连接的服务器。可能会有别的服务器在冒充真正的服务器，也就是受到中间人攻击。

第二种级别（基于密钥的安全验证）：用户必须为自己创建一对密钥，并把公钥放在需要访问的服务器上。如果要连接 SSH 服务器，客户端软件就会向服务器发出请求，请求用用户的密钥进行安全验证。服务器收到请求之后，先在该服务器上用户的主目录下寻找其公钥，然后把它和用户发送过来的公钥进行比较，如果两个密钥一致，服务器就用公钥加密"质询"（challenge）并把它发送给客户端软件。客户端软件收到"质询"之后就可以用用户的私钥在本地解密，再把它发送给服务器完成登录。与第一种级别相比，第二种级别不仅能加密所有传输的数据，而且不需要在网络上传送口令，因此安全性更高，可以有效防止中间人攻击。

2. SSH 远程登录服务

本例中，采用仿真软件模拟两台机器进行 SSH 访问，其中一台交换机作为服务器端，路由器作为客户端，拓扑图如图 1-9 所示。

图 1-9　拓扑图

1）在交换机上创建本地用户名和密码。

```
Sa(config)#username sever01 secret 123456
```

2）定义一个域名，方便创建的密钥命名。

```
Sa(config)#ip domain name server.net
```

3）创建一个非对称的 RSA 密钥。

```
Sa(config)# crypto key generate rsa
The name for the keys will be: Sa.server.net
Choose the size of the key modulus in the range of 360 to 2048 for your
General Purpose Keys. Choosing a key modulus greater than 512 may take
a few minutes.
How many bits in the modulus [512]:1024
% Generating 1024 bit RSA keys, keys will be non-exportable...[OK]
```

注释：RSA 密钥的默认长度是 512 位，但不能启用 SSHV2，这就需要密钥长度超过 512位，才能启用 SSHV2，因此密钥长度设置为 1024 位。

4）启用 SSHV2 版本。

```
Sa(config)#ip ssh version 2    //默认 V1 和 V2 都启用
```

5）配置终端个数以及登录的类型为用户名与密码。

```
Sa(config)#line vty 0 15
Sa(config-line)#login local
```

6）只允许 SSH 登录 VTY。

```
Sa(config)#transport input ssh    //默认允许所有的登录类型
```

7）通过路由器 SSH 远程登录至交换机，如图 1-10 所示。

8）Wireshark 监听软件抓包。发现 Wireshark 监听软件抓取到的全部是乱码，无法得到用户名与密码，如图 1-11 所示。

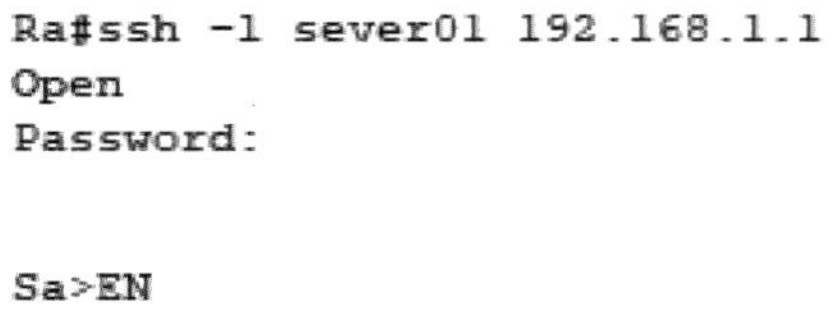

图 1-10   SSH 远程登录    图 1-11   Wireshark 抓包

1.6 巩固练习

一、选择题

1. 网络信息安全的基本属性是 (   )。
   A. 保密性   B. 可用性   C. 完整性   D. 以上三项都是

2. Telnet 协议主要应用于 (   )。
   A. 应用层   B. 传输层   C. Internet 层   D. 网络层

3. 在制定网络安全策略时，经常采用的思想方法是 (   )。
   A. 凡是没有明确表示允许的就要被禁止
   B. 凡是没有明确表示禁止的就要被允许
   C. 凡是没有明确表示允许的就要被允许
   D. 凡是没有明确表示禁止的就要被禁止

4. 信息被 (   ) 是指信息从源节点到目的节点中途被攻击者非法截获，攻击者在截获的信息中进行修改或插入欺骗性的信息，然后将修改后的错误信息传送给目的节点。
   A. 伪造   B. 中断   C. 截获   D. 篡改

5. (   ) 是指保证存储在互联网计算机上的信息不被未授权用户非法使用。
   A. 信息存储安全   B. 信息传输安全
   C. 信息转换安全   D. 信息加工安全

二、名词解释

保密性   完整性   可用性   可控性   不可否认性   防火墙   PKI

三、简答题

1. 简述信息安全、计算机安全和网络安全的关系。

2. 您有没有网上购物的经历？交易过程中有没有想过安全保障问题？

第 2 章　PKI 密码学基础

本章导读：

本章主要介绍 PKI 的密码学基础。密码学是网络与信息安全的基础，各类安全措施如保密通信、身份认证、消息完整性认证、抗抵赖等都是以密码学为基础的。密码学分为公钥密码学和对称密码学，本章以古典密码为基础进行介绍，便于学生理解和掌握，进而介绍现代密码和公钥密码，使学生对密码学的基础知识有个整体认识和把握。

学习目标：

- 了解密码学的基本概念、特点、分类
- 熟练操作古典密码、现代密码和公钥密码的典型密码算法
- 掌握数字签名的实现和意义
- 掌握密钥管理的概念和内涵

素质目标： 密码学相关技术的介绍，引申到加强保密工作的重要性。认识到泄密行为可能导致严重的后果，而保守国家秘密就是守护国家的安全和利益。

2.1　密码学的相关概念

密码学（cryptology）作为数学的一个分支，是密码编码学和密码分析学的统称。使消息保密的技术和科学叫作密码编码学（cryptography）。密码编码学是密码体制的设计学，即怎样编码，采用什么样的密码体制以保证信息被安全地加密。从事此行业的人员叫作密码编码者（cryptographer）。与之相对应，密码分析学（cryptanalysis）就是破译密文的科学和技术。密码分析学是在未知密钥的情况下从密文推演出明文或密钥的技术。密码分析者（cryptanalyst）是从事密码分析的专业人员。

保密通信过程如图 2-1 所示。Alice 和 Bob 想要在公开的信道进行秘密信息传递，他们事先商定好相同的密钥 k，Alice 将明文信息使用密钥 k 加密产生密文，然后在公开信道中传送，Bob 收到密文后使用相同的密钥 k 进行解密，获得明文信息。在消息传递过程中，Oscar 从信道中获得了密文信息的副本，但是要想从密文中获取消息，就必须对密文进行破译，否则只能得到难以识别的密文信息。

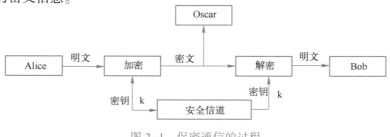

图 2-1　保密通信的过程

　　从图中可以看出，在密码学中，有一个五元组：{明文、密文、密钥、加密算法、解密算法}，对应的加密方案称为密码体制（或密码）。

　　明文：是作为加密输入的原始信息，即消息的原始形式，通常用 m 或 p 表示。所有可能明文的有限集被称为明文空间，通常用 M 或 P 来表示。

　　密文：是明文经加密变换后的结果，即消息被加密处理后的形式，通常用 c 表示。所有可能密文的有限集被称为密文空间，通常用 C 来表示。

　　密钥：是参与密码变换的参数，通常用 k 表示。一切可能的密钥构成的有限集被称为密钥空间，通常用 K 表示。

　　加密算法：是将明文变换为密文的变换函数，相应的变换过程称为加密，即编码的过程（通常用 E 表示，即 $c = E_k(p)$）。

　　解密算法：是将密文恢复为明文的变换函数，相应的变换过程称为解密，即解码的过程（通常用 D 表示，即 $p = D_k(c)$）。

　　对于有实用意义的密码体制而言，总是要求它满足：$p = D_k(E_k(p))$，即用加密算法得到的密文总是能用一定的解密算法恢复出原始的明文来。而密文消息的获取同时依赖于初始明文和密钥的值。

　　根据密码分析者对明文、密文等信息掌握的多少，可将密码分析分为以下五种情形。

　　1. 唯密文（cipher text only）分析

　　对于这种形式的密码分析，破译者已知的东西只有两样：加密算法和待破译的密文。

　　2. 已知明文（known plain text）分析

　　在已知明文分析中，破译者已知的东西包括：加密算法和经密钥加密形成的一个或多个明文−密文对，即知道一定数量的密文和对应的明文。

　　3. 选择明文（chosen plain text）分析

　　选择明文分析的密码分析者除了知道加密算法外，他还可以选定明文消息，并可以知道对应的加密得到的密文，即知道选择的明文和对应的密文。例如，公钥密码体制中，密码分析者可以利用公钥加密他任意选定的明文，这种分析就是选择明文分析。

　　4. 选择密文（chosen cipher text）分析

　　与选择性明文分析相对应，密码分析除了加密算法外，还知道他自己选定的密文和对应的、已解密的原文，即知道选择的密文和对应的明文。

　　5. 选择文本（chosen text）分析

　　选择文本分析是选择明文分析与选择密文分析的结合。密码分析者已知的东西包括：加密算法、由密码分析者选择的明文消息和它对应的密文，以及由密码分析者选择的猜测性密文和它对应的已破译的明文。

　　很明显，唯密文分析是最困难的，因为密码分析者可供利用的信息最少。上述密码分析的强度是递增的。一个密码体制是安全的，通常是指在前三种密码分析下的安全性，即密码分析者一般容易具备进行前三种密码分析的条件。

2.2 古典密码

战争在推动科学技术进步上发挥了很大作用,人类自从有了战争,就有了秘密通信的需求,密码技术很早就应用在战争中。现存文献或石刻记载表明,许多古代文明都在实践中发明并使用了密码系统。从古至今,密码学的发展大致经历了古典密码、现代密码和公钥密码三个阶段。1949 年,Shannon 发表的"保密系统的通信理论"(*The Communication Theory of Secrecy Systems*)一文中,将密码学纳入通信理论的研究范畴,奠定了密码学的数学基础。1976 年,W. Diffie 和 M. Hellman 发表的"密码学的新方向"(*New Directions in Cryptography*)一文中,提出公钥密码思想,开辟了密码学的新领域,也为数字签名奠定了基础。本节将介绍具有典型特点的几个古典密码学实例,以便读者对密码学的基本概念加深了解。

2.2.1 隐写术

保密通信有两种实现方式,一种是信道保密,另一种是信息加密。隐写术是将消息隐藏起来,本质上属于一种信道保密方式。

现存最早的密码学的记录是公元前 440 年,在古希腊战争中用过隐写术。当时为了安全传送军事情报,奴隶主剃光奴隶的头发,将情报写在奴隶的光头上,待头发长长后将奴隶送到另一个部落,再次剃光头发,原有的信息复现出来,从而实现这两个部落之间的秘密通信。这实际是隐写术的例子。

我国古代也早有以藏头诗、藏尾诗、漏格诗及绘画等形式,将要表达的真正意思或"密语"隐藏在诗文或画卷中特定位置的记载。一般人只注意诗或画的表面意境,而不会去注意或很难发现隐藏其中的"话外之音"。《水浒传》中,吴用为逼反卢俊义,扮成一个算命先生,利用卢俊义为躲避"血光之灾"的惶恐心理,口占四句卦歌,并让他书写在家宅的墙壁上。这四句卦歌是:

> 芦花丛中一扁舟,
> 俊杰俄从此地游。
> 义士若能知此理,
> 反躬难逃可无忧。

巧妙地把"卢俊义反"四个字暗藏于四句之首,最终惹得官府来捉,从而逼反卢俊义。

被称为千古奇文的"璇玑图"更是将"诗文中的隐写术"发挥到了极致。璇玑图是前秦时期秦州刺史窦滔之妻苏蕙所做,原文总计 840 字,后人在其中心添加一个"心"字,纵横各 29 字,纵、横、斜、交互、正、反读或退一字、迭一字读均可成诗,诗有三、四、五、六、七言不等,据说藏诗数千首,甚至有称其藏诗万余首的,其诗或悱恻幽怨,或情深似海,或真挚悲切,流传甚广,影响深远,如图 2-2 所示。

2.2.2 换位密码

换位,又称"置换",就是重新排列消息中字符的位置,字符本身没有变,只是其在文中的位置改变了。

换位密码的最早记录是 Scytale,斯巴达人于公元前 400 年应用 Scytale 加密工具,在军官间传递秘密信息。Scytale 实际上是一个锥形指挥棒,周围环绕一张羊皮纸,将要保密的信息

图 2-2　千古奇文璇玑图

写在羊皮纸上。解下羊皮纸，上面的消息杂乱无章、无法理解，但将它绕在另一个同等尺寸的棒子上后，就能看到原始的消息，如图 2-3 所示。

　　类似的换位密码有很多的例子，在美国南北战争期间曾出现的加密方法也是典型的换位密码，如图 2-4 所示。明文按行写在一张格子纸上，然后再按列的方式写出密文。前文提到的"璇玑图"，以及其他的回文诗、藏头诗等，也都可以看作换位密码的例子。

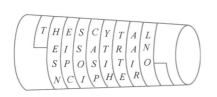

输入方向 →			
C	A	N	Y
O	U	U	N
D	E	R	S
T	A	N	D

图 2-3　Scytale 加密示意图 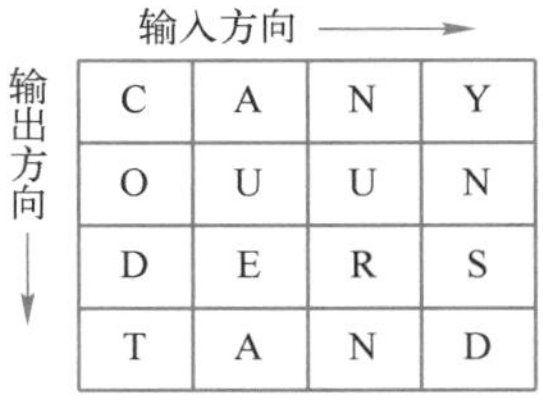　　　　图 2-4　换位密码的例子

下面用几个具体实例来学习换位密码。

【例 1】假设每五位为一组进行置换，换位密码置换是 $\frac{1\ 2\ 3\ 4\ 5}{3\ 4\ 1\ 5\ 2}$，则逆置换为 $\frac{1\ 2\ 3\ 4\ 5}{3\ 5\ 1\ 2\ 4}$。

　　加密明文 "WHO IS UNDERCOVER"，得密文 "OIWSH DEURN VECRO"。使用逆置换可将密文解密成明文 "WHOIS UNDER COVER"。

【**例2**】假设密钥以单词形式给出：china，根据各字母在 26 个英文字母中的顺序，可以确定置换为"23451"，加密明文"Kill Baylor"，得到密文"ILLBK YLORA"。

【**例3**】假设换位密码的密钥为如图 2-5 所示的映射，则加密明文"Six dollars per ton"，得到密文"DLALSXIO ETNORPSR"。

【**例4**】假设换位密码的加密方式如图 2-6 所示，则加密明文"David is a Russian spy"，写入换位表格。

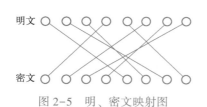

图 2-5　明、密文映射图

D	A	V	I
D	I	S	A
R	U	S	S
I	A	N	S
P	Y		

图 2-6　换位密码加密图

得到的密文是"DDRIP AIUAY VSSN IASS"。空格的部分一般按照约定以特定字符如 A 补足，或者直接留空。

换位密码是通过换位加密产生的。换位加密的主要思路是：制作密钥→制作密钥表→制作加解密对照表→制作密文或者解析明文，称该加密方式为单码加密（注：仅对字母转换）。以下是加密步骤。

1）将给定的密钥进行重复字母合并，处理后的密钥按列"从左到右"展开成密钥表第一行。

2）将刚生成的密钥表第一行中的字母以外的其他字母，按照字母表顺序从第二行开始"从左到右"填充，保持每行列数和第一行列数一致，直到将 26 个字母全部填充到密钥表中。

3）根据密钥表制作加解密对照表。加解密对照表为两行字母序列，上行为明文字母序列，下行为密文字母序列。明文字母序列只需将 26 个英文字母从 a 到 z 的原始字母序列"从左到右"依次排开即可；密文字母序列，则是将密钥表按列"从左到右"取出，再将该列的字母"从上到下"依次"从左到右"放入密文序列中，直到密钥表最右列最下行的字母刚好填充到密文序列行的最后一个位置。此时，明文字母序列和密文字母序列上下字母就形成了对应关系。

4）使用加解密对照表和初始明文信息，制作密文即可。加解密对照表从上行到下行形成加密关系；从下行到上行形成解密关系。

【**例5**】用密钥"Happy"对明文"That is a real prince of Amber."进行单码替换加密。

1）Happy 字母合并为 Hapy，作为密钥表第一行，共 4 列。

2）生成的密钥表如图 2-7 所示。

3）生成加解密对照关系如下。

图 2-7　密钥表

a b c d e f g h i j k l m n o p q r s t u v w x y z
h b f k o t x a c g l q u z p d i m r v y e j n s w

4）生成密文如下。

明文：That is a real prince of Amber.

密文：Vahv　cr　h　mohq　dmczfo　pt　Hubom.

2.2.3　代换密码

代换，也称"代替"或"替换"，就是将字符用其他字符或图形代替，以隐藏消息。

在公元前 2 世纪，在古希腊出现了 Polybius 校验表，这个表实际是将字符转换为数字对（两个数字）。Polybius 校验表由一个 5×5 的网格组成（如表 2-1 所示），网格中包含 26 个英文字母，其中 I 和 J 在同一格中。每一个字母被转换成两个数字，第一个数字是字母所在的行数，第二个数字是字母所在的列数。如字母 A 就对应着 11，字母 B 就对应着 12，以此类推。使用这种密码可以将明文"message"代换为密文"32　15　43　43　11　22　15"。

表 2-1　Polybius 校验表

	1	2	3	4	5
1	A	B	C	D	E
2	F	G	H	I/J	K
3	L	M	N	O	P
4	Q	R	S	T	U
5	V	W	X	Y	Z

另一个代换密码的典型例子是"凯撒挪移码"。据传是古罗马凯撒大帝用来保护重要军情的加密系统，也称凯撒移位。通过将字母按顺序推后 3 位起到加密作用，如将字母 A 换作字母 D，将字母 B 换作字母 E。

上述两种都是用字符换字符的例子，此外还有将英文字符代换为其他形式符号的例子。在 18 世纪出现的 pigpen cipher，也是一个典型的代换密码。这是一个叫 Freemasons 的人发明的，直译过来叫作"猪笔密码"。它用一个符号来代替一个字母，把 26 个字母写进如图 2-8 所示的四个表格中，然后加密时用这个字母所在的表格部分来代替。

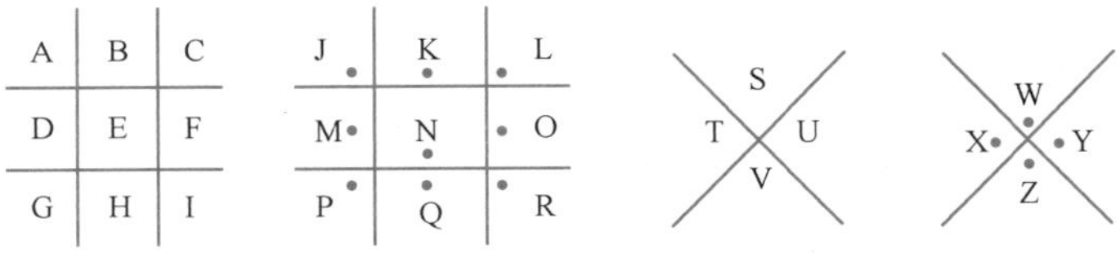

图 2-8　pigpen cipher 代换表

例如，"Hello World"加密后的结果如图 2-9 所示。

图 2-9　代换密码结果

另一个有趣的代换密码的例子是《福尔摩斯探案集》中"跳舞的小人"的故事，读者可以在网上查找相关资料，其故事的具体情节这里不作介绍。故事中，一个组织里的人使用姿态各异的跳舞的小人来代替 26 个英文字母进行秘密通信，小人手拿的旗子表示空格，在故事中曾出现的密文如图 2-10 所示。福尔摩斯根据密文统计规律和人们的用文习惯，破译出跳舞小人与英文字母的对应关系如图 2-11 所示，最终破译整个密文，如图 2-12 所示。

2012 年 9 月 19 日，《羊城晚报》在报道"德庆'鸟语'濒临失传，发音难破译曾用于防匪"中提及的"鸟语"，也是用"代换"的方法，将日常用语用"鸟语"代替来进行秘密通

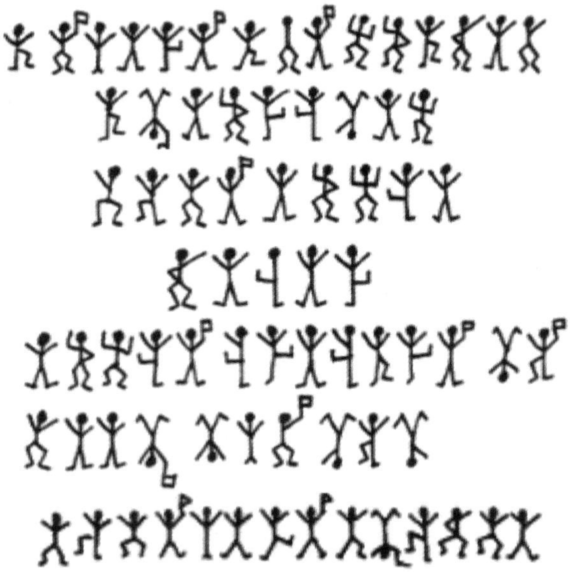

图 2-10　故事中出现的密文

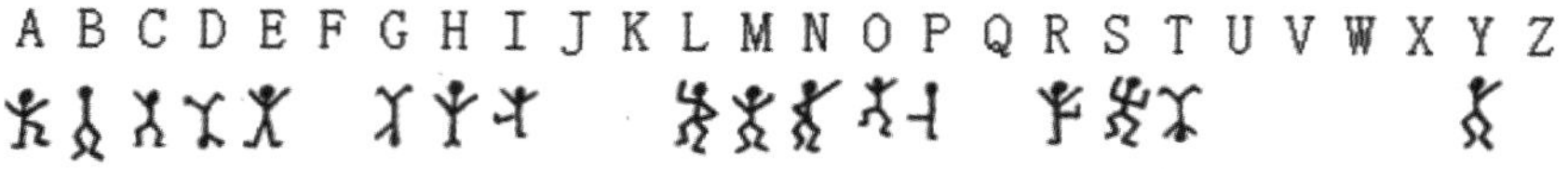

ABCDEFGHIJKLMNOPQRSTUVWXYZ

图 2-11　"跳舞的小人"与英文字母的对应关系

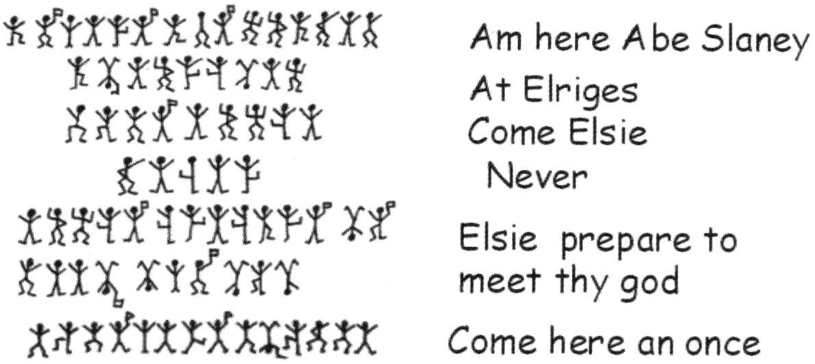

Am here Abe Slaney
At Elriges
Come Elsie
　Never

Elsie prepare to
meet thy god

Come here an once

图 2-12　破译的密文

信。此外，"暗号""黑话"等也都可以归入代换密码之列。

下面用几个具体实例来学习代换密码。

【例6】为了便于对字符进行代换操作，对英文字母进行编号，如表 2-2 所示。

表 2-2　字母编号对照表

明文	A	B	C	D	E	F	G	H	I	J	K	L	M
密文	0	1	2	3	4	5	6	7	8	9	10	11	12
明文	N	O	P	Q	R	S	T	U	V	W	X	Y	Z
密文	13	14	15	16	17	18	19	20	21	22	23	24	25

前面提到的凯撒挪移码可以表示为 $y=(x+3)\bmod 26$，$\bmod 26$ 表示对模 26 取余。加密明文 "Japan's Abe to showcase alliance"，得到密文 "MDSDQVDEHWRVKRZFDVHDOOLDQFH"。

【例 7】另一种代换不是简单的移位，而是建立代换表，如表 2-3 所示。

表 2-3　代换表实例

明文	A	B	C	D	E	F	G	H	I	J	K	L	M
密文	Q	M	W	N	E	B	R	V	T	C	Y	X	U
明文	N	O	P	Q	R	S	T	U	V	W	X	Y	Z
密文	Z	I	A	O	S	P	D	L	F	K	G	J	H

加密明文 "China is a responsible country"，得到密文 "WVTZQTPQSEPAIZPTMXEWILZDSJ"。

【例 8】随机的代换表难以记忆，有时使用密钥句子给出代换表，如密钥句子为 "My son is my son till he has got him a wife，but my daughter is my daughter all the days of her life"，将其中出现的字母按照其出现顺序写下来即为代换表（如表 2-4 所示），没有出现的字母附在后面。

表 2-4　代换表

原字母表	A	B	C	D	E	F	G	H	I	J	K	L	M	N	O	P	Q	R	S	T	U	V	W	X	Y	Z
代换表	M	Y	S	O	N	I	T	L	H	E	A	G	W	F	B	U	D	R	C	J	K	P	Q	V	X	Z

加密明文 "China is a responsible country"，得到密文 "SLHFMHCMRNCUBFCHYGNSB KFJRX"。

【例 9】除了单表变换密码之外还有多表代换密码，所谓多表代换就是有多个代换表，如 2 个。在加密时，第一个明文字母使用第一个代换表进行查表代换，第二个字母使用第二个代换表，第三个字母重新使用第一个代换表，以此类推。多个代换表都是移位码，是最简单的多表代换密码，如代换密钥字为 "six"，各字母对应的数字编号为 "18、8、23"，这相当于以下三个移位变换：

$$y=(x+18)\bmod 26；$$
$$y=(x+8)\bmod 26；$$
$$y=(x+23)\bmod 26。$$

加密明文：Cryptography is not complicated。

得到密文：UZVHBLYZXHPVAAKGBZGUMDQZSBBV。

这实际是 Vigenère 密码的一个实例，这是由法国密码学家 Blaise de Vigenère 于 1858 年提出的，它是以移位代换为基础的周期代换密码。

【例 10】移位码的一般表达式是 $y=(x+k)\bmod 26$，在其基础上稍作变换得到 $y=(ax+b)\bmod 26$，$a,b\in \mathbf{Z}_{26}$，且 $\gcd(a,26)=1$，构成仿射密码，系数 a,b 都是 0~25 之间的整数，$\gcd(a,26)=1$ 表示 a 与 26 互素，即 1 与 26 没有除 1 以外的公约数。例如，当 $a=3$，$b=2$ 时，仿射密码为 $y=(3x+2)\bmod 26$，加密明文 "china"，即计算

$$3\begin{pmatrix}2\\7\\8\\13\\0\end{pmatrix}+\begin{pmatrix}2\\2\\2\\2\\2\end{pmatrix}=\begin{pmatrix}8\\23\\26\\41\\2\end{pmatrix}，\begin{pmatrix}8\\23\\26\\41\\2\end{pmatrix}\bmod 26=\begin{pmatrix}8\\23\\0\\15\\2\end{pmatrix}=\begin{pmatrix}I\\X\\A\\P\\C\end{pmatrix}，即密文为 IXAPC。$$

【例 11】 在仿射密码的基础上更进一步,使得每位密文受多位明文影响,如 $y_1 = ax_1 + bx_2$,$y_2 = cx_1 + dx_2$ 等形式,则密码将更难破解,这就是多字母代换密码。Hill 码是典型的多字母代换密码,一般使用矩阵来表示:$y = xK$,K 是 $m \times m$ 的可逆矩阵。显然,加密时明文将分成 m 位的分组进行。

假设 $m = 2$,$K = \begin{pmatrix} 3 & 5 \\ 2 & 7 \end{pmatrix}$,则加密明文 "hill",分为两个分组 $(7,8)(11,11)$,分别对应 hi、ll。计算如下:

$$(7,8)\begin{pmatrix} 3 & 5 \\ 2 & 7 \end{pmatrix} = (21+16,35+56) = (37,91),(37,91)\bmod 26 = (11,13) = (L,N);$$

$$(11,11)\begin{pmatrix} 3 & 5 \\ 2 & 7 \end{pmatrix} = (33+22,55+77) = (55,132),(55,132)\bmod 26 = (3,2) = (D,C)。因此,$$

"hill" 的加密结果是 "LNDC"。

解密时需要使用 K 的逆矩阵:

$$K^{-1} = \begin{pmatrix} 3 & 5 \\ 2 & 7 \end{pmatrix}^{-1} = \frac{1}{11}\begin{pmatrix} 7 & -5 \\ -2 & 3 \end{pmatrix},\frac{1}{11}\begin{pmatrix} 7 & -5 \\ -2 & 3 \end{pmatrix}\bmod 26 = \begin{pmatrix} 3 & 9 \\ 14 & 5 \end{pmatrix}$$

2.3 对称密码体制

2.3.1 对称密码基础知识

对称密码体制也称为秘密密钥密码体制、单密钥密码体制或常规密码体制,对称密码体制的基本特征是加密密钥与解密密钥相同。对称密码体制的基本元素包括原始的明文、加密算法、密钥、密文及密码分析者。

发送方的明文消息 $P = [P_1, P_2, \cdots, P_M]$,$P$ 的 M 个元素是某个语言集中的字母,如 26 个英文字母,现在最常见的是二进制字母表 $\{0,1\}$ 中元素组成的二进制串。加密之前先生成一个形如 $K = [K_1, K_2, \cdots, K_J]$ 的密钥作为密码变换的输入参数之一。该密钥或者由消息发送方生成,然后通过安全的渠道送到接收方;或者由可信的第三方生成,然后通过安全渠道分发给发送方和接收方。

发送方通过加密算法根据输入的消息 P 和密钥 K 生成密文:

$$C = [C_1, C_2, \cdots, C_N],即 C = E_K(P)$$

接收方通过解密算法根据输入的密文 C 和密钥 K 恢复明文:

$$P = [P_1, P_2, \cdots, P_M],即 P = D_K(C)$$

一个密码分析者能基于不安全的公开信道观察密文 C,但不能接触到明文 P 或密钥 K,他可以试图恢复明文 P 或密钥 K。假定他知道加密算法 E 和解密算法 D,只对当前这个特定的消息感兴趣,则努力的焦点是通过产生一个明文的估计值 P' 来恢复明文 P。如果他也对读取未来的消息感兴趣,他就需要试图通过产生一个密钥的估计值 K' 来恢复密钥 K,这是一个密码分析的过程。

对称密码体制的安全性主要取决于两个因素:①加密算法足够安全,使得不必为算法保密,仅根据密文破译出消息是不可行的;②密钥的安全性,密钥必须是安全的并保证有足够大的密钥空间。对称密码体制要求基于密文和加密/解密算法破译出消息的做法是不可行的。

对称密码算法的优点是加密、解密处理速度快，保密度高等。其缺点如下所述。

1）密钥是保密通信安全的关键，发信方必须安全、妥善地把密钥护送到收信方，不能泄露其内容。如何才能把密钥安全地送到收信方，是对称密码算法的突出问题。对称密码算法的密钥分发过程十分复杂，所花代价高。

2）多人通信时密钥组合的数量会急剧增多，使密钥分发更加复杂化，N 个人进行两两通信，需要的总密钥数为 $N(N-1)/2$ 个。

3）通信双方必须统一密钥，才能发送保密的信息。如果发信者与收信人素不相识，这就无法向对方发送秘密信息了。

4）除了密钥管理与分发问题，对称密码算法还存在数字签名困难问题（通信双方拥有同样的消息，接收方可以伪造签名，发送方也可以否认发送过某消息）。

古典密码中的代换密码、换位密码都属于对称密码体制，而在现代密码体制中，分组密码和序列密码同样属于典型的对称密码。非对称密码是指加密密钥和解密密钥的公钥密码体制不同。

2.3.2　分组密码

分组密码和序列密码是现代密码学加密方法，都是先将明文消息编码为数字序列再使用特定方式加密的密码体制。分组密码是将明文消息编码表示后的数字（简称明文数字）序列，划分成长度为 n 的组（可看成长度为 n 的矢量），每组分别在密钥的控制下变换成等长的输出数字（简称密文数字）序列。

扩散（diffusion）和混乱（confusion）是影响密码安全的主要因素。各种密码算法都意在增加扩散和混乱的程度，以提高密码强度。

扩散是指让明文中的单个数字影响密文中的多个数字，从而使明文的统计特征在密文中消失，相当于明文的统计结构被扩散。例如：$c_n = \sum_{i=1}^{k} m_{n+i}$ 是实现扩散的典型例子，从表达式可以看出，K 个明文数字同时决定一个密文数字的生成，相应的，一个明文数字也会影响到 K 个密文数字。

混乱是指让密钥与密文的统计信息之间的关系变得复杂，从而增加通过统计方法进行解密的难度。使用代换算法就可以很容易地实现混乱的作用。

设计安全的分组加密算法，需要考虑对现有密码分析方法的抵抗，如差分分析、线性分析等，还需要考虑密码安全强度的稳定性。分组密码使用硬件实现的优点是运算速度高，软件实现的优点是灵活性强、代价低。此外，用软件实现的分组加密要保证每个组的长度适合软件编程（如 8、16、32…），一般使用子块和简单的运算，尽量避免位置换操作，以及使用加法、乘法、移位等处理器提供的标准指令；从硬件实现的角度，加密和解密要都能在同一个器件上实现，即加密解密硬件实现的相似性。

1. 分组密码的结构

分组密码既要难以破解，又要易于实现，为了克服这一矛盾，分组密码一般采用轮函数 F 来实现迭代运算。图 2-13 就是使用轮函数 F 对明文分组

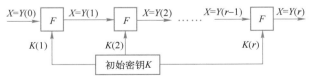

图 2-13　分组密码的一般结构

X 进行 r 轮运算，最终得出密文分组 $X=Y(r)$。其中，使用的加密密钥是使用初始密钥 K 在密钥生成器中生成的 r 个密钥：$K(1)$，$K(2)$，$\cdots$，$K(r)$。

其中，轮函数 F 有时也称"圈函数"，是经过精心设计的，是分组密码的核心。F 函数一般基于代换–置换网络，代换可以起到混乱作用，而置换可以起到扩散作用。这样经过多轮变换，不断进行代换——置换——代换——置换，最终实现高强度的加密结果。

另外，分组密码还有两种类型的总体结构：Feistel 结构和 SP 结构，其主要区别在于：SP 结构每轮改变整个数据分组，其加解密通常不相似；而 Feistel 结构每轮只改变输入分组的一半，且加解密相似，便于硬件实现。AES（Advanced Encryption Standard，高级加密标准）使用 SP 结构，而 DES（Data Encryption Standard，数据加密标准）使用的是 Feistel 结构。

2. 典型的分组密码算法——DES 算法

DES 算法是 IBM 公司于 1975 年研究成功的，1977 年被美国政府正式采纳作为数据加密标准。DES 算法使用一个 56 位的密钥作为初始密钥（如果初始密钥输入 64 位，则将其中 8 位作为奇偶校验位），加密的数据分组是 64 位，输出密文也是 64 位。

DES 算法首先对输入的 64 位明文 X 进行一次初始置换 IP，IP 置换表见图 2-14 所示，打乱原有数字顺序得到 X_0；接着将置换后的 64 位数字分成左右两半，分别记为 L_0 和 R_0，R_1 直接作为下一轮变换的 L_1，同时 R_0 经过子密钥 K_1 控制下的 f 变换的结果与 L_0 逐位异或得到 R_1，这样完成第一轮的变换；接下来用类似方法再进行 15 轮变换后，将得到的 64 位分组进行一次逆初始置换 IP^{-1}，即得到 64 位密文分组，如图 2-15 所示。运算过程可用公式表示如下：

$$R_i = L_{i-1} \oplus f(R_{i-1}, K_i)$$
$$L_i = R_{i-1} \qquad i=1,2,\cdots,16$$

IP									IP^{-1}							
58	50	42	34	26	18	10	2	40	8	48	16	56	24	64	32
60	52	44	36	28	20	12	4	39	7	47	15	55	23	63	31
62	54	46	38	30	22	14	6	38	6	46	14	54	22	62	30
64	56	48	40	32	24	16	8	37	5	45	13	53	21	61	29
57	49	41	33	25	17	9	1	36	4	44	12	52	20	60	28
59	51	43	35	27	19	11	3	35	3	43	11	51	19	59	27
61	53	45	37	29	21	13	5	34	2	42	10	50	18	58	26
63	55	47	39	31	23	15	7	33	1	41	9	49	17	57	25

图 2-14　IP 置换表与 IP^{-1} 置换表

f 函数的变换过程如图 2-16 所示，f 函数两个输入，一个是 32 bit 的 R_{i-1}，一个是 48 bit 的 K_i，其输出再与 L_{i-1} 逐位异或，结果作为 R_i。在运算中，使用了 E 扩展置换（又称扩张函数）、P 置换，以及 S 盒代换。

轮函数运算中用到的 E 扩展置换、P 置换如图 2-17 所示。

密钥 K_i 的生成过程如图 2-18 所示，在生成密钥的过程中使用了 PC-1、PC-2 两个置换，如图 2-19 所示。由于这两个置换输出位数小于输入位数，故称之为选择置换。

其具体过程是这样的：①首先输入 64 bit 初始密钥，经过 PC-1 置换，将奇偶校验位去掉，剩余 56 bit；②分为两组，每组 28 bit，分别经过一个循环左移函数 LS_1，再合并为 56 bit；③接着经过 PC-2 置换，将 56 bit 转换为 48 bit 子密钥。循环进行②③，直到生成 16 轮变换所需的所有子密钥。其中的循环左移函数在每次子密钥生成中移位位数不同，具体来讲，当 $i=1,2,9,16$ 时，移位位数为 1，当 $i=3,4,5,6,7,8,10,11,12,13,14,15$ 时，移位位数为 2。

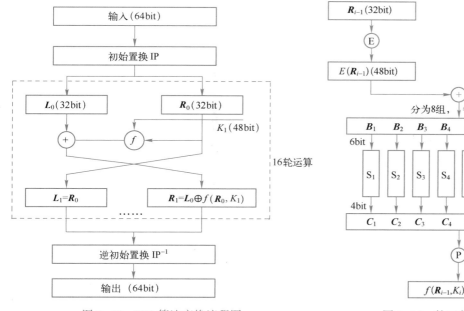

图 2-15　DES 算法变换流程图　　　　图 2-16　轮函数变换示意图

E					
32	1	2	3	4	5
4	5	6	7	8	9
8	9	10	11	12	13
12	13	14	15	16	17
16	17	18	19	20	21
20	21	22	23	24	25
24	25	26	27	28	29
28	29	30	31	32	1

P			
16	7	20	21
29	12	28	17
1	15	23	26
5	18	31	10
2	8	24	14
32	27	3	9
19	13	30	6
22	11	4	25

图 2-17　E 扩展置换表和 P 置换表

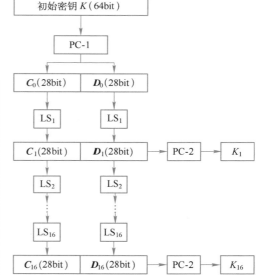

图 2-18　每轮密钥生成过程

在轮函数中使用的置换盒（S 盒）是经过精心设计的，共 8 个 S 盒，每个 S 盒的输入都为 6 bit，输出为 4 bit，S 盒的构成见图 2-20，列出了 DES 算法所使用的 8 个 S 盒。给定 6 位输入后，输出行由外侧 2 位确定，列由内部 4 位确定，每张表的行号分别为 00、01、10、11，图 2-20 中使用的是十进制表示，即为 0、1、2、3，列号同样使用十进制数 0~15 表示二进制

PC-1							PC-2					
57	49	41	33	25	17	9	14	17	11	24	1	5
1	58	50	42	34	26	18	3	28	15	6	21	10
10	2	59	51	43	35	27	23	19	12	4	26	8
19	11	3	60	52	44	36	16	7	27	20	13	2
63	55	47	39	31	23	15	41	52	31	37	47	55
7	62	54	46	38	30	22	30	40	51	45	33	48
14	6	61	53	45	37	29	44	49	39	56	34	53
21	13	5	28	20	12	4	46	42	50	36	29	32

图 2-19 选择置换 PC-1、PC-2

数 0000~1111。

例如，**010011** 的输入的外侧位为 **01**，内侧位为 1001，在 S_5 中的对应行为 1，列为 9，输出为 0，即为 4 位二进制数 0000。

DES 算法综合应用了置换、代换、移位等多种密码技术，是一种乘积密码，在结构上使用了迭代运算，结构紧凑、条理清楚，便于实现。算法中只有 S 盒变换为非线性变换，其余变换都是线性变换，其保密性的关键在 S 盒。DES 密钥只有 56 位，这显然难以满足需要，1997年 4 月 15 日，美国国家标准技术研究所（NIST）发起征集 AES 算法的活动，以取代 DES，其基本要求是比三重 DES 快而且更安全，分组长度要求为 128 bit，密钥长度为 128/192/256 bit。所谓三重 DES 指的是完成三次完整的 DES 运算（16 轮 DES 称为一次完整的 DES 运算），一般组成有 $E_{k1}E_{k2}E_{k3}$、$E_{k1}D_{k2}E_{k3}$、$E_{k1}E_{k2}E_{k1}$、$E_{k1}D_{k2}E_{k1}$（E 表示加密，D 表示解密，下标表示密钥）。

3. 其他典型的分组密码算法简介

（1）AES 算法

2000 年 10 月 2 日，NIST 正式宣布采用 Rijndael 算法作为 AES，该算法采用的是 SP 结构，每一轮由三层组成：线性混合层确保多轮之上的高度扩散；非线性层由非线性 S 盒构成，起到混淆作用；密钥加密层的子密钥简单地异或到中间状态上。Rijndael 算法是一个数据块长度和密钥长度都可变的迭代分组密码算法，数据块长度和密钥长度可分别为 128 bit、192 bit、256 bit，可以应用于不同密码强度要求的场合。

（2）Camellia 算法

Camellia 密码是日本电报电话公司和日本三菱电子公司联合设计的，支持 128 bit 分组大小，129/192/256 bit 密钥长度，与 AES 算法有着相同的安全限定。Camellia 算法是 NESSIE（New European Schemes for Signature，Integrity，and Encryption）推荐的 128 bit 长度的欧洲数据加密标准分组密码算法之一，另一个是 AES。NESSIE 是欧洲信息社会技术委员会计划出资 33亿欧元支持的一项工程，旨在建立一套完整的数字签名、完整性认证、加密方案的新欧洲方案。

（3）IDEA（International Data Encryption Algorithm，国际数据加密算法）

该算法是旅居瑞士的中国青年学者来学嘉和著名密码专家 J. Massey 于 1990 年提出的。它在 1990 年正式公布并在以后得到增强。这种算法是在 DES 算法的基础上发展出来的，类似于三重 DES。IDEA 的密钥为 128 bit，类似于 DES。IDEA 也是一种数据块加密算法，它设计了一

行号	列号																S_i
	0	1	2	3	4	5	6	7	8	9	10	11	12	13	14	15	
0	14	4	13	1	2	15	11	8	3	10	6	12	5	9	0	7	
1	0	15	7	4	14	2	13	1	10	6	12	11	9	5	3	8	S_1
2	4	1	14	8	13	6	2	11	15	12	9	7	3	10	5	0	
3	15	12	8	2	4	9	1	7	5	11	3	14	10	0	6	13	
	0	1	2	3	4	5	6	7	8	9	10	11	12	13	14	15	
0	15	1	8	14	6	11	3	4	9	7	2	13	12	0	5	10	
1	3	13	4	7	15	2	8	14	12	0	1	10	6	9	11	5	S_2
2	0	14	7	11	10	4	13	1	5	8	12	6	9	3	2	15	
3	13	8	10	1	3	15	4	2	11	6	7	12	0	5	14	9	
	0	1	2	3	4	5	6	7	8	9	10	11	12	13	14	15	
0	10	0	9	14	6	3	15	5	1	13	12	7	11	4	2	8	
1	13	7	0	9	3	4	6	10	2	8	5	14	12	11	15	1	S_3
2	13	6	4	9	8	15	3	0	11	1	2	12	5	10	14	7	
3	1	10	13	0	6	9	8	7	4	15	14	3	11	5	2	12	
	0	1	2	3	4	5	6	7	8	9	10	11	12	13	14	15	
0	7	13	14	3	0	6	9	10	1	2	8	5	11	12	4	15	
1	13	8	11	5	6	15	0	3	4	7	2	12	1	10	14	9	S_4
2	10	6	9	0	12	11	7	13	15	1	3	14	5	2	8	4	
3	3	15	0	6	10	1	13	8	9	4	5	11	12	7	2	14	
	0	1	2	3	4	5	6	7	8	9	10	11	12	13	14	15	
0	2	12	4	1	7	10	11	6	8	5	3	15	13	0	14	9	
1	14	11	2	12	4	7	13	1	5	0	15	10	3	9	8	6	S_5
2	4	2	1	11	10	13	7	8	15	9	12	5	6	3	0	14	
3	11	8	12	7	1	14	2	13	6	15	0	9	10	4	5	3	
	0	1	2	3	4	5	6	7	8	9	10	11	12	13	14	15	
0	12	1	10	15	9	2	6	8	0	13	3	4	14	7	5	11	
1	10	15	4	2	7	12	9	5	6	1	13	14	0	11	3	8	S_6
2	9	14	15	5	2	8	12	3	7	0	4	10	1	13	11	6	
3	4	3	2	12	9	5	15	10	11	14	1	7	6	0	8	13	
	0	1	2	3	4	5	6	7	8	9	10	11	12	13	14	15	
0	4	11	2	14	15	0	8	13	3	12	9	7	5	10	6	1	
1	13	0	11	7	4	9	1	10	14	3	5	12	2	15	8	6	S_7
2	1	4	11	13	12	3	7	14	10	15	6	8	0	5	9	2	
3	6	11	13	8	1	4	10	7	9	5	0	15	14	2	3	12	
	0	1	2	3	4	5	6	7	8	9	10	11	12	13	14	15	
0	13	2	8	4	6	15	11	1	10	9	3	14	5	0	12	7	
1	1	15	13	8	10	3	7	4	12	5	6	11	0	14	9	2	S_8
2	7	11	4	1	9	12	14	2	0	6	10	13	15	3	5	8	
3	2	1	14	7	4	10	8	13	15	12	9	0	3	5	6	11	

图 2-20 DES 算法变换中的 S 盒

系列加密轮次，每轮加密都使用从完整的加密密钥中生成的一个子密钥。与 DES 算法的不同处在于，它采用软件实现和采用硬件实现同样快速。由于 IDEA 是在美国之外提出并发展起来的，避开了美国法律上对加密技术的诸多限制，因此，有关 IDEA 及其实现技术的书籍可以较自由地出版和交流，可极大地促进 IDEA 的发展和完善。

（4）RC 系列密码算法

RC1 未公开出版。

RC2 是 1987 年公布的 64 位分组密码。

RC3 在应用之前就已经被攻破，没有使用。

RC4 是世界上目前使用最广泛的流密码。

RC5 是 1994 年开发的 32/64/128 bit 可变分组长度的分组密码。

RC6 是分组长度为 128 bit 的分组密码，很大程度上基于 RC5，是在 1997 年开发的，曾入围 AES 筛选。

4. 分组密码的分析方法

分组密码的分析方法主要有：穷举密钥搜索（暴力攻击）、线性分析、差分分析、相关密钥密码分析、中间相遇分析。差分分析是目前普遍用于分组密码分析的方法，它可以用来分析任何由迭代一个固定轮函数结构的密码，例如针对 DES 算法分析 S 盒。差分分析是一种选择明文分析，其基本思想是通过分析特定明文差分对相应密文差分的影响来获得可能性最大的密钥。其主要步骤是：①统计所有输入异或与输出异或的对应关系；②输出异或分布的不均匀性是差分攻击的基础。而线性分析是一种已知明文分析，该分析方法利用明文、密文和密钥的若干位之间的线性关系。具体的分析方法这里不再详细叙述。

2.3.3 序列密码

序列密码也称为流密码（stream cipher），它是对称密码算法的一种。序列密码具有实现简单、便于硬件实施、加解密处理速度快、没有或只有有限的错误传播等特点，因此在实际应用中，特别是专用或机密机构中保持着优势，典型的应用领域包括网络通信、无线通信、外交通信等。1949 年，Shannon 证明了只有一次一密的密码体制是绝对安全的，这给序列密码技术的研究以强大的支持，序列密码方案的发展是模仿一次一密系统的尝试，或者说"一次一密"的密码方案是序列密码的雏形。如果序列密码所使用的是真正随机方式的、与消息流长度相同的密钥流，则此时的序列密码就是一次一密的密码体制。

1. 序列密码结构

序列密码的加解密变换一般都是明/密文流与密钥流的逐位异或运算（mod2 加法），序列密码的关键就在于密钥流的产生方法。根据密钥流生成方法的不同，可以将序列密码分为同步序列密码和自同步序列密码。

同步序列密码模型如图 2-21 所示，密钥流的产生与明密文都没有关系，一般由一个密钥种子 k 在密钥流生成器中产生，密钥种子 k 要在安全信道中传递到接收方。此外，加解密的密钥流生成器要进行同步，即有相同的初始状态。

序列密码要求产生的密钥序列尽可能地随机，难以预测，以加强安全性。自同步序列密码的密钥流的产生与密钥种子和已经产生的固定数量的密文字符相关，即是一种有记忆变换的序列密码，如图 2-22 所示。自同步序列密码增强了密钥流分析的难度，更难以被破译。

如果密钥流生成器生成的密钥流周期是无限长的（也可以认为是无周期的），就可以构造出一次一密密码体制，这样将是绝对安全的。但是，这在实际实现时是难以达到的，只能追求制造尽可能大周期的密钥流，来尽可能地提高密码体制的安全性。因此，序列密码的设计核心在于密钥流生成器的设计，其产生的密钥流的周期、复杂度、随机（伪随机）等特性都将影响密码体制的强度。

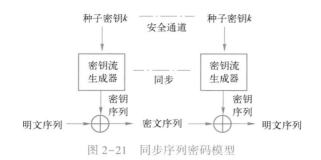

图 2-21　同步序列密码模型

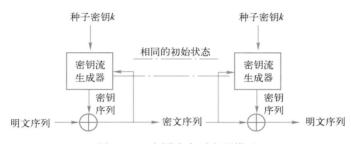

图 2-22　自同步序列密码模型

产生密钥流最重要的组件是线性反馈移位寄存器（Linear Feedback Shift Register，LFSR），它具有如下特点：LFSR 非常适合用硬件实现；能够产生大的周期序列；产生的序列具有较好的统计特性；其结构能够用代数方法进行分析。

反馈移位寄存器（FSR）的结构如图 2-23 所示。a_i 表示 1 个存储单元，具有 0，1 两种状态，a_i 的个数 n 是反馈移位寄存器的级数，n 个存储单元的值构成 n 级 LFSR 的一个状态，每一次状态变化时，每一级存储器 a_i 都将其内容向下一级传递，a_n 的值由寄存器当前状态计算 $f(a_1, a_2, a_3, \cdots, a_n)$ 的值决定。

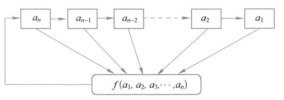

图 2-23　反馈移位寄存器的结构

如果反馈函数形如 $f(a_1, a_2, a_3, \cdots, a_n) = k_n a_1 \oplus k_{n-1} a_2 \oplus \cdots \oplus k_1 a_n$，其中系数 $k_i \in \{0, 1\}$（$i = 1, 2, \cdots, n$），则为线性函数，反馈移位寄存器就是 LFSR，否则就是非线性反馈移位寄存器（Non Linear Feedback Shift Register，NFSR）。将系数 k_i 用种子密钥 k 确定，LFSR 的初始状态也确定，将其中一个存储单元的值作为输出（如 a_1），就构成了一个密钥流生成器。

【例 12】 如图 2-23 所示的 FSR 中，假设 $n = 4$，$f(a_1, a_2, a_3, a_4) = a_1 \oplus a_3 \oplus a_4$，$a_1$ 作为输出，初始状态 $(a_1, a_2, a_3, a_4) = (1, 0, 1, 0)$，试求出初始密钥，输出序列及其周期。此处不作解答，请读者自行作答。

2. 序列密码与分组密码的对比

分组密码以一定长度的分组作为每次处理的基本单元，而序列密码则是以一个元素（一个字母或一个位）作为基本的处理单元。

序列密码是一个随时间变化的加密变换，具有转换速度快、低错误传播的优点，硬件实现电路更简单；其缺点是低扩散（意味着混乱不够）、插入及修改的不敏感性。

分组密码使用的是一个不随时间变化的固定变换，具有扩散性好、插入敏感等优点；其缺点是加解密处理速度慢、存在错误传播。

序列密码涉及大量的理论知识，提出了众多的设计原理，也得到了广泛的分析，但许多研究成果并没有完全公开，这也许是因为序列密码目前主要应用于军事和外交等机密部门的缘故。目前，公开的序列密码算法主要有 RC4、SEAL 等。

3. RC4 算法简介

RC4 算法是 RSA 三人组中的 Ron Rivest 在 1987 年设计的密钥长度可变的流加密算法簇。之所以称其为簇，是由于其核心部分的 S 盒长度可变，但一般为 256 字节。该算法的转换速度可以达到 DES 算法加密的 10 倍左右，且具有很高级别的非线性。RC4 起初是用于保护商业机密的，直到 1994 年 9 月被人匿名公布在互联网上之前，一直处于保密状态。

RC4 算法包括初始化算法（KSA）和伪随机子密码生成算法（PRGA）两大部分。

2.4 非对称密码体制

2.4.1 非对称密码基础知识

非对称密码体制也叫公开密钥密码体制或双密钥密码体制。其原理是加密密钥与解密密钥不同，形成一个密钥对，用其中一个密钥加密的结果可以用另一个密钥来解密。公钥密码体制的发展是整个密码学发展史上最伟大的一次革命，它与以前的密码体制完全不同。这是因为公钥密码算法基于数学问题求解的困难性，而不再是基于代替和换位方法；另外，公钥密码体制是非对称的，它使用两个独立的密钥，一个可以公开，称为公开密钥（简称公钥），另一个不能公开，称为私有密钥（简称私钥）。

公开密钥密码体制的产生主要基于以下两个原因：一是为了解决常规密钥密码体制的密钥管理与分配的问题；二是为了满足对数字签名的需求。因此，公钥密码体制在消息的保密性、密钥分配和认证领域有着重要的意义。

在公开密钥密码体制中，公开密钥是可以公开的信息，而私有密钥是需要保密的。加密算法 E 和解密算法 D 也都是公开的。用公开密钥对明文加密后，仅能用与之对应的私有密钥解密，才能恢复出明文，反之亦然。

1. 公开密钥密码体制的优点

公开密钥密码体制的优点主要表现为以下三方面。

1）网络中的每一个用户只需要保存自己的私有密钥，则 N 个用户仅需产生 N 对密钥。密钥少，便于管理。

2）密钥分配简单，不需要秘密的通道和复杂的协议来传送密钥。公开密钥可基于公开的渠道（如密钥分发中心）分发给其他用户，而私有密钥则由用户自己保管。

3）可以实现数字签名。

2. 公开密钥密码体制的缺点

与对称密码体制相比，公开密钥密码体制的加密、解密处理速度较慢，同等安全强度下，公开密钥密码体制的密钥位数要求多一些。公开密钥密码体制与常规密码体制的对比如表 2-5 所示。

表 2-5　公开密钥密码体制与常规密码体制的比较

分类	常规密码体制	公开密钥密码体制
运行条件	加密和解密使用同一个密钥和同一个算法	用同一个算法进行加密和解密，而密钥有一对，其中一个用于加密，另一个用于解密
	发送方和接收方必须共享密钥和算法	发送方和接收方使用一对相互匹配而又互异的密钥
安全条件	密钥必须保密	密钥对中的私钥必须保密
	如果不掌握其他信息，要想解密报文是不可能的，或者至少是不现实的	如果不掌握其他信息，要想解密报文是不可能的，或者至少是不现实的
	知道所用的算法加上密文的样本必须不足以确定密钥	知道所用的算法、公钥和密文的样本必须不足以确定私钥

2.4.2　RSA 公钥密码体制

RSA 公钥加密算法是 1977 年由 Ron Rivest、Adi Shamirh 和 LenAdleman 在麻省理工学院开发的。RSA 取名来自三个开发者的名字。RSA 是目前最有影响力的公钥加密算法，它能够抵抗到目前为止已知的所有密码攻击，已被 ISO 推荐为公钥数据加密标准。RSA 算法基于一个十分简单的数论事实：将两个大素数相乘十分容易，但是想要对其乘积进行因式分解却极其困难，因此可以将乘积公开作为加密密钥。

1. RSA 算法描述

首先选取两个不同的大素数 p，q，得到 $n=p\times q$，$\varphi(n)=(p-1)\times(q-1)$；然后随机选取一个正整数 e，满足 $\gcd(e,\varphi(n))=1$；最后求出 $d=e^{-1}\bmod(\varphi(n))$。

这样，RSA 的算法涉及的参数 p，q，n，e，d 都得到了。其相互关系可以概括为：n 是两个大素数 p 和 q 的乘积，n 的二进制表示时所占用的位数，就是所谓的密钥长度；e，d 互为模 $\varphi(n)$ 时的逆元。

在进行加解密时，(p,q,d) 作为私钥，(n,e) 作为公钥公开。使用公钥进行加密，使用私钥进行解密。对明文 M 进行加密的过程为 $C=M^e\bmod n$。对密文 C 进行解密的过程为 $M=C^d\bmod n$。

【例 13】假设 RSA 密码体制中 $p=7$，$q=5$，$e=7$，则 $n=35$，$\varphi(n)=6\times4=24$，$d=e^{-1}\bmod(24)=7$。

加密明文 $M=5$，得到密文 $C=5^7\bmod35=5$。

解密密文，得明文 $M=5^7\bmod35=5$。

2. RSA 算法的特点

RSA 算法的安全性依赖于大数的因子分解，但并没有从理论上证明破译 RSA 的难度与大数分解难度等价。即 RSA 的重大缺陷是无法从理论上把握它的保密性能如何，而且密码学界多数人士倾向于因子分解不是 NPC（Non-deterministic Polynomial Complete，非确定性多项式完全）问题。

RSA 算法的缺点主要有：①产生密钥很麻烦，受到素数产生技术的限制，因而难以做到一次一密。②分组长度太大，为保证安全性，n 至少为 600 bit，运算代价很高，尤其是速度较慢，较对称密码算法慢几个数量级；且随着大数分解技术的发展，n 的长度还在增加，不利于数据格式的标准化。目前，SET（Secure Electronic Transaction，安全电子交易）协议中要求 CA 采用 2048 bit 长的密钥，其他实体使用 1024 bit 的密钥。③RSA 密钥长度随着保密级别提高，增加很快。

2.4.3 ElGamal 公钥密码体制

ElGamal 算法是一种较为常见的加密算法，基于 1984 年提出的公钥密码体制和椭圆曲线加密体系。它既能用于数据加密也能用于数字签名，其安全性依赖于计算有限域上离散对数这一难题。在加密过程中，生成的密文长度是明文的两倍，且每次加密后都会在密文中生成一个随机数。

密钥对产生办法：选择一个素数 p，两个小于 p 的随机数 g，x，计算 $y = g^x \bmod p$，则其公钥为 (y, g, p)，私钥是 x。g 和 p 可由一组用户共享。

ElGamal 算法用于数字签名时，设被签信息为 M，首先选择一个随机数 k，k 与 $p-1$ 互素，计算 $a = g^k \bmod p$，再用扩展 Euclidean 算法对下面的方程求解 b：$M = (xa + kb) \bmod (p-1)$，签名就是 (a, b)。随机数 k 须丢弃。

验证时要验证：$y^a \times a^b \bmod p = g^M \bmod p$，同时一定要检验是否满足 $1 \leqslant a < p$。否则签名容易被伪造。

当 ElGamal 算法用于加密时，被加密信息为 M，首先选择一个与 $p-1$ 互素的随机数 k，计算：$a = g^k \bmod p$，$b = y^k M \bmod p$，(a, b) 为密文，是明文的两倍长。解密时计算：$M = b / a^x \bmod p$。

ElGamal 签名的安全性依赖于乘法群 $(IFp)*$ 上的离散对数计算。素数 p 必须足够大，且 $p-1$ 至少包含一个大素数因子以抵抗 Pohlig & Hellman 算法的攻击。M 一般都应采用信息的 Hash 值（如 SHA 算法）。ElGamal 的安全性主要依赖于 p 和 g，若选取不当，则签名容易伪造，应保证 g 对于 $p-1$ 的大素数因子不可约。

2.5 Hash 算法

2.5.1 Hash 的概念及应用

Hash，一般翻译为"散列"，也有直接音译为"哈希"的，就是把任意长度的输入（又叫作预映射，pre-image）通过散列算法变换成固定长度的输出，该输出就是散列值。这种转换是一种压缩映射，也就是说，散列值的空间通常远小于输入的空间，不同的输入可能会散列成相同的输出，而不可能从散列值来唯一地确定输入值。简单地说，Hash 算法就是一种将任意长度的消息压缩到某一固定长度的消息摘要的函数。

对一个散列算法来说，一般要求不同的消息得到不同的散列值，即每个散列值可以唯一地代表一个消息。原始消息的微小改变要求能带来散列值的巨大改变。如果找到两个不同的消息，经 Hash 运算得到了相同的散列值，就称之为找到了一对"弱碰撞"；确定一个消息及其散列值，如果能找出另一个消息，经 Hash 运算得到与已知消息相同的散列值，则称为找到一对"强碰撞"。

典型的散列函数都有无限定义域，比如任意长度字节的字符串和有限的值域，再比如固定长度的比特串。在某些情况下，散列函数可以设计成具有相同大小的定义域和值域间一一对应。一一对应的散列函数也称为排列。可逆性可以通过使用一系列对于输入值的可逆"混合"运算而得到。

Hash 算法在信息安全方面的应用主要体现在以下 3 个方面。

1. 文件校验

我们比较熟悉的校验算法有奇偶校验和 CRC 校验，这 2 种校验并没有抗数据篡改的能力，它们一定程度上能检测并纠正数据传输中的信道误码，但却不能防止对数据的恶意破坏。

MD5 Hash 算法的"数字指纹"特性，使它成为目前应用最广泛的一种文件完整性校验和（Checksum）算法，不少 UNIX 系统有提供计算 MD5 Checksum 的命令。

2. 数字签名

Hash 算法也是现代密码体系中的一个重要组成部分。由于非对称算法的运算速度较慢，因此在数字签名协议中，单向散列函数扮演了一个重要的角色。对 Hash 值（又称"数字摘要"）进行数字签名，在统计上可以认为与对文件本身进行数字签名是等效的。而且这样的协议还有其他的优点。

3. 鉴权协议

鉴权协议又被称作挑战——认证模式：在传输信道可被监听但不可被篡改的情况下，这是一种简单而安全的方法。

鉴权的重要性在财务数据上表现得尤为突出。举个例子，假设一家银行将指令由它的分行传输到中央管理系统，指令格式是(a,b)，其中 a 是账户的账号，而 b 是账户的现有金额。这时一位远程客户可以先存入 100 元，观察传输的结果，然后接二连三地发送格式为(a,b)的指令。这种方法被称作重放攻击。

以上就是一些关于 Hash 算法以及其相关的一些基本预备知识。

2.5.2 常见的 Hash 算法

1. MD4

MD4（RFC1320）是 MIT 的 Ronald L. Rivest 在 1990 年设计的，MD（Message Digest，消息摘要）适用于在 32 位字长的处理器上用高速软件实现——它是基于 32 位操作数的位操作来实现的。

2. MD5

MD5（RFC 1321）是 Rivest 于 1991 年提出的 MD4 的改进版本。MD5 输入仍以 512 位分组，其输出是 4 个 32 位字的级联，这与 MD4 相同。MD5 比 MD4 更加复杂，虽然速度较之要慢一点，但更安全，在抗分析和抗差分方面表现更好。

3. SHA-1 及其他

SHA-1 是 NIST NSA 为将其与 DSA 一起使用而设计的，它对长度小于 264 bit 的输入，产生长度为 160 bit 的散列值，因此抗穷举（brute-force）性更好。SHA-1 的设计与 MD4 基于相同原理，并且模仿了该算法。

2.6 数字签名

2.6.1 数字签名的定义

所谓数字签名就是在数据单元上附加一些数据，或是对数据单元进行密码变换。这种附加数据或数据变换允许数据单元的接收者用以确认数据单元的来源和数据单元的完整性并保护数据，防止数据单元被人（例如接收者）伪造。它是对电子形式的消息进行签名的一种方法，一个签名消息能在一个通信网络中传输。基于公钥密码体制和私钥密码体制都可以获得数字签名，但主要是基于公钥密码体制的数字签名。

数字签名包括普通数字签名和特殊数字签名。普通数字签名算法有 RSA、El-Gamal、Fiat-Shamir、Guillou-Quisquarter、Schnorr、Ong-Schnorr-Shamir 数字签名算法、Des/DSA，以及椭圆曲线数字签名算法和有限自动机数字签名算法等。特殊数字签名有盲签名、代理签名、群签名、不可否认签名、公平盲签名、门限签名、具有消息恢复功能的签名等，它与具体应用环境密切相关。显然，数字签名的应用涉及法律问题，美国联邦政府基于有限域上的离散对数问题制定了自己的数字签名标准（DSS）。

数字签名的应用过程是数据源发送方使用自己的私钥对数据校验和或其他与数据内容有关的变量进行加密处理，完成对数据的合法"签名"，数据接收方则利用对方的公钥来解读收到的"数字签名"，并将解读结果用于对数据完整性的检验，以确认签名的合法性。数字签名技术是在网络系统虚拟环境中确认身份的重要技术，完全可以代替现实的"亲笔签字"，在技术和法律上有保证。在数字签名应用中，发送者的公钥可以很方便地得到，但他的私钥则需要严格保密。

使用者可以对其发出的每一封电子邮件进行数字签名，这里的数字签名不是指落款或签名档（普遍把落款讹误成签名）。数字签名是具有法律效力的，而且正在被普遍使用。2000 年，中华人民共和国的新《合同法》首次确认了电子合同、电子签名的法律效力。2005 年 4 月 1 日起，中华人民共和国首部《电子签名法》正式实施。

2.6.2 数字签名的特点

每个人都有一对"钥匙"（数字身份），其中一个是只有她/他本人知道的私钥，另一个是公开的公钥。签名的时候用私钥，验证签名的时候用公钥。又因为任何人都可以落款声称她/他就是使用者本人，因此公钥必须向接受者信任的人（身份认证机构）来注册。注册后身份认证机构给使用者发放数字证书。对文件签名后，使用者把此数字证书连同文件及签名一起发给接受者，接受者向身份认证机构求证是否真的采用使用者的密钥签发的文件。

数字签名主要有以下特点。

1. 真实性

公钥加密系统允许任何人在发送信息时使用私钥进行加密，数字签名能够让信息接收者利用发送者的公钥确认发送者的身份。当然，接收者不可能百分之百确信发送者的真实身份，而只能在密码系统未被破译的情况下才有理由确信。

2. 完整性

传输数据的双方都希望确认消息未在传输的过程中被修改。加密使得第三方想要读取数据十分困难，然而，第三方仍然能采取可行的方法在数据传输的过程中修改数据。一个通俗的例子就是同形攻击：回想一下，还是上面的那家银行，从它的分行向中央管理系统发送格式为 (a,b) 的指令，其中 a 是账号，而 b 是账户中的金额。一个远程客户如果先存 100 元，然后拦截传输结果，再传输 (a,b_3)，这样他可能就立刻变成百万富翁了。

3. 不可否认性

在密文背景下，抵赖这个词指的是不承认与消息有关的举动（即声称消息来自第三方）。

消息的接收方可以通过数字签名来防止所有后续的抵赖行为，因为接收方可以出示签名来证明信息的来源。

2.6.3　PGP 数字签名

PGP（Pretty Good Privacy）是 1991 年由 Philip Zimmermann 开发的数字签名软件，提供可用于电子邮件和文件存储应用的保密与鉴别服务，OpenPGP 已提交 IETF 标准化。其主要特点有：免费；可用于多平台如 DOS/Windows、UNIX、Macintosh 等；选用算法的生命力和安全性被公众认可；具有广泛的可用性；不由政府或标准化组织控制。

PGP 充分使用现有的各类安全算法，实现了以下几种服务：数字签名和鉴别、压缩、加密、密钥管理等。

1. 数字签名和鉴别

数字签名能够保证接收者接收的信息没有经过未授权的第三方篡改，并确信报文来自发信者。PGP 使用如下步骤实现数字签名：第一步，发送者创建报文后使用 SHA-2 等散列算法生成散列代码，然后使用自己的私有密钥采用 RSA 对散列代码加密，并将结果串接在报文前面。第二步，接收者使用发送者的公开密钥，通过 RSA 解密得到散列代码，然后与根据接收到的报文重新计算的散列代码比较鉴别，如果匹配，则接收报文。

目前，PGP 使用的数字签名主要有 DSS/SHA 或 RSA/SHA，消息完整性认证使用的散列函数包括 SHA-2（256 bit）、SHA-2（384 bit）、SHA-2（512 bit）、SHA-1（160 bit）、RIPEMD（128 bit）、MD-5（128 bit）等。

2. 压缩

压缩是为了缩短网络传输时间和节省磁盘空间，提高安全性。同时，压缩也减少了明文中的上下文相关信息。PGP 在签名之后加密之前对报文进行压缩，它使用了的 Jean-lup Gailly、Mark Adler、Richard Wales 等编写的 ZIP 压缩算法。

3. 加密

PGP 对每次会话的报文进行加密后传输，它采用的加密算法包括 AES-256、AES-192、AES-128、CAST、3DES、IDEA、Twofish 等。PGP 结合了常规密钥加密和公开密钥加密的算法，一方面，使用对称加密算法进行加密提高加密速度；另一方面，使用公开密钥解决了会话密钥分配问题，因为只有接收者才能用私有密钥解密一次性会话密钥。PGP 巧妙地将常规密钥加密和公开密钥加密结合起来，从而使会话安全得到保证。

4. 密钥管理

PGP 包含四种密钥：一次性会话密钥、公开密钥、私有密钥和基于口令短语的常规密钥。各类密钥要进行科学管理，以保证其安全性。

用户使用 PGP 时，首先生成一个公开密钥/私有密钥对。PGP 将公开密钥和私有密钥用两个文件存储，一个用来存储该用户的公开/私有密钥，称为私有密钥环；另一个用来存储其他用户的公开密钥，称为公开密钥环。

假设 A 想要获得 B 的公开密钥，可以采取以下几种方法，包括复制给 A、通过电话验证公开密钥是否正确、从双方都信任的人 C 那里获得、从认证中心获得等。PGP 并没有建立认证中心这样的机构，它采用信任机制。公开密钥环上的每个实体都有一个密钥合法性字段，用来标识信任程度。信任级别包括完全信任、少量信任、不可信任和不认识的信任等。当新来一个公开密钥时，根据上面附加的签名来计算信任值的权重和，确定信任程度。

双方使用一次性会话密钥对每次会话内容进行加解密。这个密钥本身是基于用户鼠标和键盘击键时间而产生的随机数。这个密钥经过 RSA 或 Diffie-Hellman 加密后和报文一起传送到对方。

2.7 密钥管理

2.7.1 密钥管理的概念

密钥管理包括从密钥的产生到密钥的销毁的各个方面，贯穿整个密钥的生存期。主要表现为管理体制、管理协议和密钥的产生、分配、更换、注入、注销、销毁等。对于军用计算机网络系统，由于用户机动性强，隶属关系和协同作战指挥等方式复杂，因此，对密钥管理提出了更高的要求。

1. 密钥生成

密钥长度应该足够长。一般来说，密钥长度越大，对应的密钥空间就越大，攻击者使用穷举猜测密码的难度就越大。

选择"好"密钥，避免"弱"密钥。由自动处理设备生成的随机比特串是"好"密钥，选择密钥时，应该避免选择一个"弱"密钥。

对公钥密码体制来说，密钥生成更加困难，因为密钥必须满足某些数学特征。

密钥生成可以通过在线或离线的交互协商方式实现，如密码协议等。

2. 密钥分发

采用对称加密算法进行保密通信，需要共享同一密钥。通常是系统中的一个成员先选择一个秘密密钥，然后将它传送给其他成员。X9.17 标准描述了两种密钥：密钥加密密钥和数据密钥。密钥加密密钥加密其他需要分发的密钥；而数据密钥只对信息流进行加密。密钥加密密钥一般通过手工分发。为增强保密性，也可以将密钥分成许多不同的部分再用不同的信道发送出去。

3. 验证密钥

密钥自带的检错位和纠错位，在密钥传输中发生错误时能很容易地被检查出来，并且如果需要，密钥可被重传。

接收端也可以验证接收的密钥是否正确。发送方用密钥加密一个常量，然后把密文的前 2~4 字节与密钥一起发送。在接收机做同样的工作，如果接收机解密后的常数能与发送端常数匹配，则传输无错。

4. 更新密钥

当密钥需要频繁地改变时，频繁进行新的密钥分发是一件困难的事，一种解决办法是从旧的密钥中产生新的密钥，有时称为密钥更新。可以使用单向函数进行更新密钥。如果双方共享同一密钥，并用同一个单向函数进行操作，就会得到相同的结果。

5. 密钥存储

密钥可以记住，存储在磁条卡、智能卡中，也可以把密钥平分成两部分，一部分存入终端，另一部分存入 ROM 密钥。还可采用类似于密钥加密密钥的方法对难以记忆的密钥进行加密保存。

6. 备份密钥

密钥的备份可以采用密钥托管、秘密分割、秘密共享等方式。

最简单的方式是密钥托管。密钥托管要求所有用户将自己的密钥交给密钥托管中心，由密钥托管中心备份保管密钥（如锁在某个地方的保险柜里或用主密钥对它们进行加密保存），一旦用户的密钥丢失（如用户遗忘了密钥或用户意外死亡），按照一定的规章制度，可从密钥托管中心索取该用户的密钥。另一个备份方案是用智能卡作为载体实现临时密钥托管。如 Alice 把密钥存入智能卡，当 Alice 不在时就把它交给 Bob，Bob 可以利用该卡进行 Alice 的工作，当 Alice 回来后，Bob 交还该卡。由于密钥存放在卡中，因此 Bob 不知道密钥是什么。

秘密分割是指把秘密分割成许多碎片，每一片本身并不代表什么，但把这些碎片放到一块，秘密就会重现出来。

一个更好的方式是采用一种秘密共享协议。将密钥 K 分成 n 个共享，知道 n 个共享中的任意 m 个或更多个共享就能够计算出密钥 K，知道任意 $m-1$ 个或更少都不能够计算出密钥 K，这叫作 (m, n) 门限（阈值）方案。目前，人们基于拉格朗日内插多项式法、射影几何、线性代数、中国剩余定理等提出了许多秘密共享方案，如 Shamir、Asmuth-Bloom 等。

秘密共享解决了两个问题：一是若密钥偶然或有意地被泄露，整个系统就易受攻击；二是若密钥丢失或损坏，系统中的信息就易被破坏。

7. 密钥有效期

加密密钥不能无限期使用，主要有以下有几个原因：密钥使用时间越长，它被泄露的机会就越大；如果密钥已被泄露，那么密钥使用越久，损失就越大，被破译的可能性就越大，甚至采用穷举攻击法就能破解；对用同一密钥加密的多个密文进行密码分析一般比较容易。所以，密钥是有使用期限的，且不同的密钥应有不同有效期。

数据密钥的有效期主要依赖数据的价值和给定时间里加密数据的数量。数据价值与数据传送率越大，所用的密钥更换应越频繁。

密钥加密密钥无须频繁更换，因为它们只是偶尔被用于密钥交换。在某些应用中，密钥加密密钥仅一月或一年更换一次。

用来加密保存数据文件的加密密钥不能经常地变换。通常是每个文件用唯一的密钥加密，再用密钥加密密钥把所有密钥加密。密钥加密密钥可以通过记忆保存，也可以存放在一个安全的地方。当然，丢失该密钥意味着丢失所有的文件加密密钥。

公开密钥密码应用中的私钥的有效期根据应用的不同而变化。用作数字签名和身份识别的私钥必须持续数年（甚至终身），用作抛掷硬币协议的私钥在协议完成之后就应该立即销毁。即使期望密钥的安全性持续终身，也要两年更换一次密钥。旧密钥仍须保密，以防用户需要验证从前的签名。但是新密钥将用作新文件签名，以减少密码分析者破解的签名文件数目。

8. 密钥的注销和销毁

如果密钥必须替换，旧钥就必须注销或销毁。要注意注销的密钥仍要保密，以防止被用来猜测新密钥，销毁时也要注意保证彻底销毁，防止被恢复。

2.7.2　密钥分配

由于公钥体制运算时计算量大，通常用于数字签名，而对称密码体制通常用于数据加密。

这就涉及密钥分配（分发），这个过程通常是系统中的一个成员先选择一个秘密密钥，然后将它传送给其他成员，在这个过程中必须保证密钥不被泄露。根据密钥分配时所使用的密码技术，可以分为对称算法的密钥分配和非对称算法的密钥分配两种。

1. 对称算法的密钥分配

下面介绍一个基于对称密码体制的密钥分配协议——Kerboros 协议。在这个系统中，有一个可信中心，即密钥分发中心（Key Distribution Center，KDC），每个用户都有一个唯一的秘密密钥 K 和用户识别信息 ID，用来与 KDC 进行通信，加密算法使用 DES。设有用户 U 和用户 V，用 ID（U）、ID（V）分别表示用户 U、V 的识别信息，K_U、K_V 分别表示用户 U、V 与可信中心的通信密钥，使用该协议传输一个会话密钥的过程如下。

1）用户 U 向可信中心申请一个会话密钥，以便与用户 V 通信。

2）可信中心随机选择一个会话密钥 K，一个时间戳 T 和一个生存期 L。

3）可信中心计算 $m_1 = E_{K_U}(K, ID(V), T, L)$ 和 $m_2 = E_{K_V}(K, ID(U), T, L)$ 并将这两个值发给 U。

4）用户 U 首先解密 m_1 获得 $K, ID(V), T$ 和 L，然后计算 $m_3 = E_K(ID(U), T)$ 并将 m_3 和 m_2 一起发给 V。

5）用户 V 首先解密 m_2 获得 $K, ID(U), T$ 和 L，然后使用 K 解密 m_3 获得 $ID(U), T$，并比较两个 T 值和两个 $ID(U)$ 值是否一样，如果一样，那么用户 V 计算 $m_4 = E_K(T+1)$，并将 m_4 发送给用户 U。

6）用户 U 使用 K 解密 m_4 获得 $T+1$，并与之前得到的 T 值比较以进行验证。

完整过程如图 2-24 所示。

图 2-24　密钥分配过程

2. 非对称算法的密钥分配

通过公开密钥加密技术实现对称密钥的管理使相应的管理变得简单和更加安全，同时还解决了纯对称密钥模式中存在的可靠性问题和鉴别问题。贸易方可以为每次交换的信息（如每次的 EDI 交换）生成唯一一把对称密钥并用公开密钥对该密钥进行加密，然后再将加密后的密钥和用该密钥加密的信息（如 EDI 交换）一起发送给相应的贸易方。由于对每次信息交换都对应生成了唯一一把密钥，因此各贸易方就不再需要对密钥进行维护和担心密钥的泄露或过期。这种方式的另一个优点是，即使泄露了一把密钥也只将影响一笔交易，而不会影响到贸易双方之间所有的交易关系。这种方式还提供了贸易伙伴间发布对称密钥的一种安全途径。

2.8　项目2　PGP 生成非对称密钥对

2.8.1　任务1　PGP 软件的安装与设置

实验目的：使用 PGP 软件对邮件加密签名，了解密码体制在实际网络环境中的应用，加深对数字签名及公钥密码算法的理解。

实验环境：Windows 7 x64 操作系统；PGP10.0.3 中文汉化版。

项目内容

用 PGP 软件对邮件进行加密后发送给接收方；接收方用私钥解密邮件。

运行安装文件，系统自动进入安装向导，主要步骤如下。

1）选择接受许可协议，如图 2-25 所示。

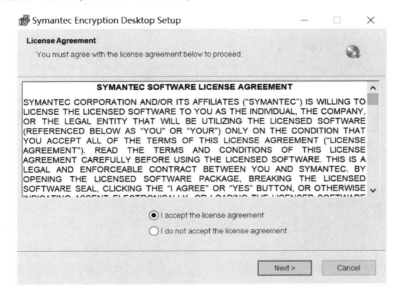

图 2-25　接受许可协议

2）确认安装的路径。

3）选择不显示发布说明，如图 2-26 所示。

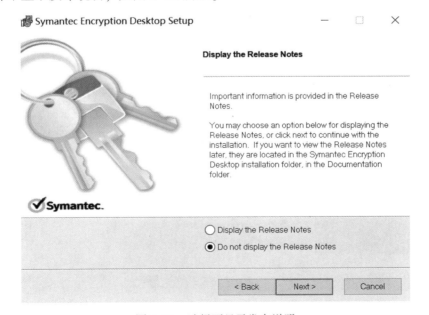

图 2-26　选择不显示发布说明

2.8.2　任务2　生成非对称密钥对

第一步：生成用户密钥对

1）打开 Open PGP Desktop，在菜单中选择 "NEW" → "PGPKeys"，在 "PGP Key Generation Assistant" 对话框中创建用户密钥对，如图 2-27 所示。

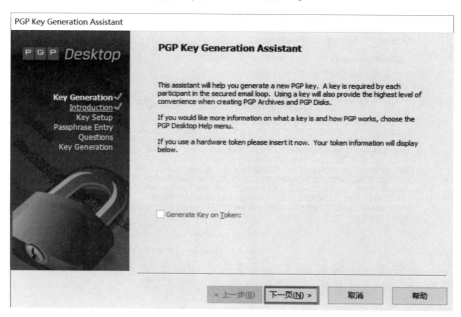

图 2-27　"PGP Key Generation Assistant" 对话框

2）输入用户名及邮箱地址，如图 2-28 所示。

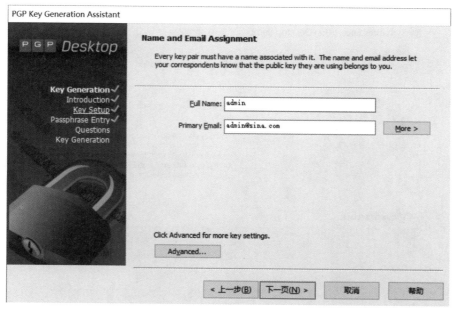

图 2-28　输入用户名及邮箱地址

3）输入用户私钥口令，如图 2-29 所示。

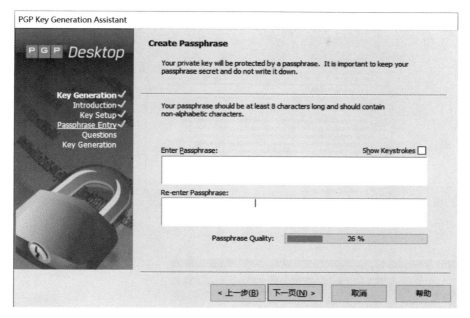

图 2-29　输入用户私钥口令

4）完成用户密钥对的生成，在 PGPkeys 窗口中出现用户密钥对信息。

第二步：用 PGP 对邮件进行加密操作

1）打开个人邮箱，填写邮件内容（如图 2-30 所示）并剪切进入剪切板，单击任务栏中的 🔒 图标，选择 "Clipboard" → "Encrypt"，使用用户公钥加密邮件内容，如图 2-31 所示。

图 2-30　选择加密邮件

图 2-31　选择加密选项

2）发送加密邮件，加密后的邮件内容如图 2-32 所示。

第三步：接收方用私钥解密邮件

1）收到邮件打开后，选中加密的邮件内容（如图 2-33 所示）并复制，单击任务栏中的 🔒 图标，选择 "Clipboard" → "Decrypt&Verify"（解密 & 效验），如图 2-34 所示。

2）在弹出的对话框中输入用户的私钥口令，邮件被解密还原，如图 2-35 和图 2-36 所示。

图 2-32　加密后的邮件内容

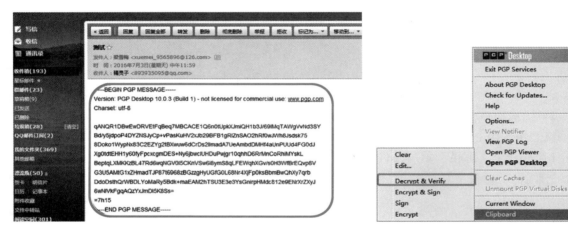

图 2-33　加密的邮件内容　　　　　　　　　　　图 2-34　解密邮件

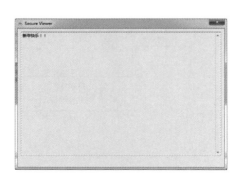

图 2-35　输入私钥口令　　　　　　　　　　　图 2-36　解密成功

2.9　巩固练习

1. 对字符串"Monday came to me"使用凯撒挪移码进行加密，密钥为 6，写出加密密文。

2. 对字符串 "Zhang San is an undercover" 使用换位密码进行加密，换位方式如图 2-37 所示。

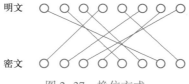

图 2-37　换位方式

3. 在 RSA 公钥密码加密的系统中，如果截获密文 $C = 10$，已知此用户的公钥为 $e = 5$，$n = 35$，请问明文的内容是什么？为什么这个例子中明文这么容易破译，说明了公钥体制的什么特点？

4. 如果已知 $p = 7$，$q = 17$，$e = 5$，使用 RSA 体制，对明文 $m = 19$ 进行加密、解密。

5. 在 RSA 密码体制中，如果公钥 $e = 61$，$n = 3763$，则私钥是什么？

第3章 PKI 体系结构与功能

本章导读：

本章主要介绍 PKI 的系统组成及各部分的功能，并对 PKI 的标准化及 PKI 服务做简要介绍。

学习目标：

- 学会分析 PKI 的组成及体系结构
- 熟练操作 PKI 的主要功能操作，学会分析常用的 PKI 标准
- 熟悉 PKI 的应用领域

素质目标： 通过介绍数字证书与数字签名技术，能清楚了解到随着技术的发展，任何个人行为都会被追溯到源头。明白做人做事也一样，应分清楚尺度，违反道德标准与法律法规的事不应当去触碰，当以诚信为本，人无信不立。

3.1 PKI 的系统组成和各部分的功能

PKI 系统由多种认证中心及各种终端实体等组件组成，其结构模式一般为多层次的树状结构。组成 PKI 系统的各种实体，由于其所处位置的不同，其作用、功能和实现方式都各不相同。

作为一种基础设施，PKI 必须满足安全性、易用性、开放性、可验证性、不可抵赖性和互操作性等要求。建立 PKI 系统首先要关注的是用户使用数字证书及相关服务的安全性和便利性。总体而言，建立和设计一个 PKI 系统必须保证如下相关服务功能的实现。

- 用户身份的可信认证。
- 制定完整的证书管理政策。
- 建立高可信度的认证中心。
- 用户实体属性的管理。
- 用户身份的隐私保护。
- 证书撤销列表处理。
- 认证中心为用户提供证书库及 CRL 服务的管理。
- 安全及相应法律法规的制定、责任的划分和相关政策的完善。

PKI 实际上是一套软硬件系统和安全策略的集合，它提供了一整套安全机制，使用户在不知道对方身份或所处位置的情况下，以证书为基础，通过一系列的信任关系进行通信、电子商务交易以及电子政务办理。

一个典型的 PKI 系统组成如图 3-1 所示，其中包括 PKI 策略、软硬件系统、认证中心（CA）、注册机构（RA）、证书/CRL 发布系统和 PKI 应用/用户实体等。

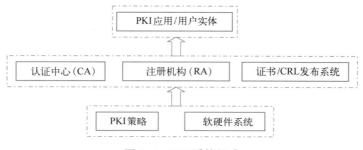

图 3-1　PKI 系统组成

1. PKI 策略

PKI 策略明确了一个系统信息安全方面的指导方针，定义了密码系统的使用方法和原则。它包括一个组织怎样处理密钥和有价值的信息，怎样根据风险的级别定义安全控制的级别，怎样处理泄密密钥和过期密钥，以及怎样审核、发放、验证证书等。一般情况下，在 PKI 中有两种类型的策略：一是证书策略，用于管理证书的使用，比如，可以确认某 CA 是在 Internet 上的公有 CA，还是某企业内部的私有 CA；二是 CPS（Certificate Practice Statement，证书操作声明），这是一个包含在实践中增强和支持安全策略的操作过程的详细文档，主要包括 CA 的建立和运作，证书的发行、接收和废除，密钥的产生、注册，以及密钥的存储和获取等。

2. 软硬件系统

软硬件系统为整个 CA 提供一整套软硬件底层支持，保证系统的正常运行。

3. 认证中心（CA）

CA 是 PKI 被信任的基础，它管理公钥的整个生命周期。CA 一般是在线运行的，也称为 OCA（online-CA）。CA 是 PKI 的核心，为网上交易、网上办公提供电子认证，为电子商务、电子政务、网上银行的实体颁发证书，并负责在交易过程中检验和管理证书。

CA 的具体功能如下。

- 发布本地 CA 策略。
- 产生和管理证书并对注册用户进行身份认证和鉴别。
- 发布自身证书和上级证书。
- 接受 ORA 的证书申请并向 ORA 返回制定好的证书。
- 接收和认证对它所签发证书的作废申请并产生 CRL 列表。
- 保存和发布它所签发的证书、CRL、政策、审计信息等。

4. 注册机构（RA）

RA 提供用户和 CA 之间的一个接口，它获取并认证用户的身份，向 CA 提出证书请求。它主要完成收集用户信息和确认用户身份的功能。这里的用户，是指将要向 CA 申请数字证书的客户，可以是个人，也可以是集团或团体、政府机构等。注册管理一般由一个独立的注册机构（即 RA）来承担。它接受用户的注册申请，审查用户的申请资格，并决定是否同意 CA 给其签发数字证书。RA 并不给用户签发证书，而只是对用户进行资格审查。因此，RA 可以设置在直接面对客户的业务部门，如银行的营业部、机构认识部门等。当然，对于一个规模较小的 PKI 应用系统来说，可把注册管理的职能交由 CA 来完成，而不设立独立运行的 RA。但这并不是取消了 PKI 的注册管理功能，而只是将其作为 CA 的一项功能而已。PKI 国际标准推荐由一个独立的 RA 来完成注册管理的任务，可以增强应用系统的安全。RA 的主要功能如下。

- 自身密钥的管理，包括密钥的更新、保存、使用、销毁等。
- 接受用户的注册申请，审核用户信息。
- 向 CA 提交证书申请并将证书发放给申请者。
- 验证 CA 签发的证书。
- 登记黑名单。
- 对业务受理点的 RA 的全面管理。
- 接收并处理来自受理点的各种请求。

5. 证书/CRL 发布系统

证书/CRL 发布系统负责证书的发放，发放方式有两种，一种是通过用户自己实现，另一种是通过目录服务实现。目录服务器可以是一个组织中现存的，也可以是 PKI 方案中提供的。证书/CRL 发布系统用来发布 CRL 列表。

6. PKI 应用/用户实体

PKI 的应用非常广泛，包括在 Web 服务器和浏览器之间的通信、电子邮件、电子数据交换（EDI）、在 Internet 上的信用卡交易和虚拟私有网（VPN）等。PKI 的用户实体被称为 EE（End Entity），是持有某 CA 证书的终端用户，可以是企业级用户，也可以是个人用户及设备实体。目前，在政策上和技术上都很难实现一个实体仅通过一张证书就适用于多个场合。所以通常情况下一个实体有多张证书，分别用于不同场合，如电子商务和电子政务等场合。

3.2 认证中心（CA）

3.2.1 CA 的分层体系结构

对于一个复杂的 PKI 系统，CA 是分层组织的，且分布在不同的地理位置，CA 之间支持交叉认证，共同构成完备的公钥基础设施。CA 的分层体系结构示意图如图 3-2 所示。

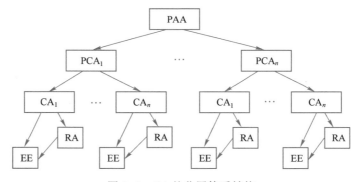

图 3-2 CA 的分层体系结构

1. PAA

PAA（Policy Approving Authority，政策批准机构）的主要功能是制定整个 PKI 的方针、政策，批准本 PAA 下属的 PCA（Policy Certificate Authority，政策证书颁发机构）政策，为下属

PCA 签发公钥证书，建立整个 PKI 体系的安全策略，并具有监控某个 PCA 行为的责任。PAA 相当于一个国家或大地域的 PKI 根 CA，如美国国家的根 CA、中国金融 CFCA 等。PAA 的作用是建立下属 PCA。其工作性质是离线的，即产生根证书后，向其下层的 PCA 签发证书后，即可离线工作。其具体功能如下。

- 发布 PAA 公钥证书，制定体系内的政策、策略和操作规范。
- 对下属 PCA 和其他需要定义认证的其他根证书进行签发证书、身份认证、鉴别。
- 发布下属 PCA 的身份和位置信息。
- 产生、保存和发布证书、CRL、审计信息及 PCA 政策等。

2. PCA

PCA 为政策 CA，主要制定本 PCA 的具体政策，可以为上级 PAA 政策进行扩充或细化。一般情况下，可以在 PAA 之下设立多个 PCA，作为行业的或地方的根 CA，其作用可将其下属的 CA 开放，与其他 CA 进行互连互通或交叉认证。这些政策可以包括本 PCA 范围内密钥的产生、密钥的长度、证书的有效期规定及 CRL 的处理等，同时还为下属 CA 签发公钥证书。PCA 也采用离线工作的方式，在没有 PAA 的情况下，它是操作 CA 的信任锚。

3. CA

这里的 CA 表示本地 CA（LCA），或者在线 CA（OCA），直接面向用户进行证书管理、认证。

3.2.2 CA 的主要工作

CA 是 PKI 的核心，整个 PKI 体系基本上由各级 CA 与 RA、用户实体构成。CA 负责管理密钥和数字证书的整个生命周期，其工作主要包括以下几方面内容。

- 接收并验证最终用户数字证书的申请。
- 证书审批，确定是否接受最终用户数字证书的申请。
- 证书签发，向申请者颁发、拒绝颁发数字证书。
- 证书更新，接收、处理最终用户的数字证书更新请求。
- 接受最终用户数字证书的查询、撤销。
- 接收最终用户证书撤销列表（CRL），验证证书状态。
- 提供 OCSP 在线证书查询服务，验证证书状态。
- 提供目录服务，可以查询用户证书的相关信息。
- 下级认证机构证书及账户管理。
- 数字证书归档。
- CA 及其下属密钥的管理。
- 历史数据归档。

3.2.3 CA 的组成要件

CA 为完成其工作职能，并保证自身的安全性、可信任性和公正性，通常包含业务服务器、注册机构（RA）、CA 服务器、管理终端和审计终端、LDAP（Lightweight Directory Access Protocol，轻量目录访问协议）服务器、数据库服务器等，CA 的典型组成框架如图 3-3 所示。其中 RA 可以作为独立机构以增强系统安全性，也可以作为 CA 的一部分。

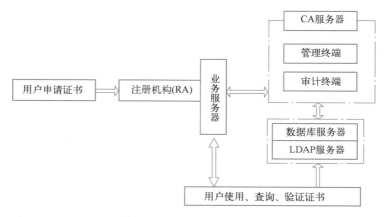

图 3-3 CA 的典型组成框架

1. 业务服务器

业务服务器面向普通用户，用于提供证书申请、浏览、证书撤销列表一级证书的下载等服务。与用户之间的通信采取安全访问方式，如使用 SSLVPN 访问等，保证证书申请和数据传输过程中的安全性，防止窃听、伪造、重放等攻击。

2. CA 服务器

CA 服务器是整个 CA 的核心，负责证书和证书撤销列表（CRL）的签发。CA 服务器首先产生自身的私钥和公钥（长度通常在 1024 位以上），然后生成数字证书，并将数字证书传输给业务服务器。CA 服务器还负责为操作员、其他服务器以及 RA 生成数字证书并发放。出于安全考虑，通常将 CA 服务器同其他服务器进行隔离。

3. 管理终端和审计终端

管理终端是 CA 的重要组成部分，是 CA 的管理机构，负责整个系统的配置、管理，负责签发下级 CA 和进行交叉认证，同时也是首席安全官对管理员进行管理的界面。

审计终端是系统的审计机构，是系统不可或缺的组件，负责对系统的操作历史和现状进行及时监察和审计，负责 CA 管理员的操作审计、证书管理事件的审计和密钥管理事件的审计。审计信息包括：产生的密钥对、证书请求信息、密钥泄露的报告、证书中包括的某种关系的终止信息、证书使用过程日志等。

具体实施上，管理终端和审计终端可以作为 CA 服务器的功能模块，也可以是独立的组件。

4. 数据库服务器和 LDAP 服务器

数据库服务器用于认证中心中数据（如密钥和用户信息等）、日志和统计信息的存储和管理。实际的数据库系统应采用多种措施来保证数据的安全性、稳定性和高可用性，这些措施包括磁盘阵列、双机热备、多处理器、异地灾备等。

LDAP 提供目录浏览服务，负责将注册机构服务器传输过来的用户信息以及数字证书加入服务器，方便用户访问，以得到其他用户的公钥数字证书。

3.3 注册机构（RA）

RA 的体系结构示意图如图 3-4 所示。

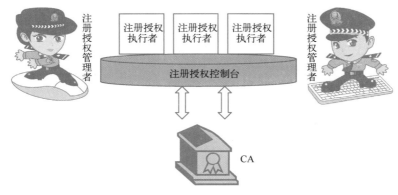

图 3-4　RA 体系结构

3.3.1 RA 的分层体系结构

1. 注册授权控制台

注册授权控制台为注册授权用户向 CA 提交证书请求的服务器/系统，能与 CA 进行安全通信，通常被安装到不同的机器上。

2. 注册授权执行者

应用注册授权控制台完成数字证书注册、更新及撤销任务，验证操作请求，如果验证通过并被注册授权执行者批准，则向 CA 发出相应请求。

3. 注册授权管理者

注册授权管理者是管理注册授权执行者的人，确保整个证书申请过程是在非欺骗的情况下处理完成的。所有鉴定证明申请在提交给 CA 之前，应获得注册授权管理者批准。

3.3.2 RA 的主要工作

从广义上讲，RA 是 CA 的一个组成部分，主要负责数字证书的申请、审核和注册。除了根 CA 以外，每一个 CA 都包括一个 RA，负责本级 CA 的证书申请、审核工作。RA 的设置可以根据企业行政管理机构来进行，RA 的下级机构可以是 RA 分中心或业务受理点 LRA。业务受理点 LRA 与 RA 共同组成证书申请、审核、注册中心的整体。LRA 面向最终用户，负责对用户提交的申请资料进行录入、审核和证书制作。RA 与 LRA 的关系如图 3-5 所示。

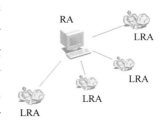

图 3-5　RA 与 LRA 的关系

3.3.3 RA 的组成要件

为了完成 RA 的功能，RA 系统的逻辑结构主要由四大模块组成，如图 3-6 所示。

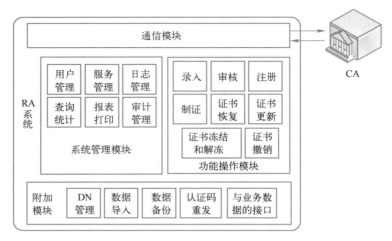

图 3-6　RA 系统的逻辑结构

1. 通信模块

在 RA 与 CA 之间建立 SPKM 安全通信通道，通过 SPKM 安全通道接收 RA 或者 LRA 的交易请求，并发送请求给 CA，获得从 CA 返回的应答信息。

2. 功能操作模块

- 录入：操作员从用户信息库中获取用户相关数据。
- 审核：操作员对录入的用户数据审核。
- 注册：向 CA 提交用户注册请求。
- 制证：为用户制作证书。
- 证书恢复：向 CA 提交证书恢复请求。
- 证书更新：向 CA 提交证书更新请求。
- 证书撤销：向 CA 提交证书撤销请求。
- 证书冻结和解冻：提交证书冻结和解冻请求。

3. 系统管理模块

- 用户管理：向 CA 提交删除用户等请求。
- 服务管理：启动/停止 RA 服务及相关策略配置。
- 日志管理、审计管理：对 RA 系统操作和 RA 功能操作的记录日志。
- 查询统计、报表打印：按发证时间、证书种类、证书状态查询、证书申请和发放统计情况，提供综合查询、打印相关报表的功能。

4. 附加模块

- DN 管理：根据用户信息和 DN 标准的变化拼装 DN，并检查 DN 是否符合标准。
- 数据导入：支持外部数据的导入。
- 数据备份：支持数据备份。
- 认证码重发：重新给用户发送认证码。
- 与业务数据的接口：提供与业务系统的标准接口。

PKI 的功能操作

在 PKI 的实际运行中，PKI 要进行一系列的功能操作，总体而言，可以归结为四个部分：证书管理与撤销、密钥管理、LDAP 目录服务、审计等。

3.4.1　数字证书与证书撤销列表的管理

数字证书是由 CA 发行的，是能在 Internet 上进行身份验证的一种权威性电子文档，人们可以在互联网通信中用它来证明自己的身份和识别对方的身份。图 3-7 所示为一个证书的信息主要包含证书信息、颁发对象、颁发者、有效期、版本、序列号、签名算法、哈希算法、公钥算法、证书路径等相关信息。证书本身的格式则是由生成证书的算法决定，目前常用的证书格式有：DER 编码二进制 X. 509（. CER）、Base64 编码 X. 509（. CER）、加密消息语法标准 PKCS#7 证书（. P7B）、个人信息交换 PKCS#12（. PFX）、Microsoft 序列化证书存储（. SST）等形式，括号中内容为各类证书的后缀名。随着网络化、信息化的飞速发展，电子商务和电子政务的普及，数字证书的应用越来越广泛。

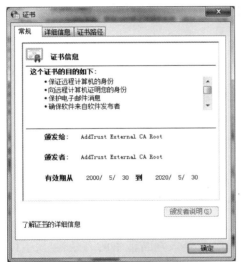

图 3-7　一个证书的信息

1. 证书分类和管理

CA 采用证书模板对证书进行分类，每一类证书对应一个证书模板。证书模板的采用增加了签发证书种类的灵活性，系统可以根据用户的不同需要，利用证书模板签发不同类型的证书。

证书从应用角度可分为 Web 证书和用户证书。

- Web 证书：基于 Internet 应用的证书，这类证书一般由客户端的浏览器负责管理，安全级别要求较低。
- 用户证书：基于客户端应用的 JPF 文件用户证书。管理员证书也属于此类用户证书。这类证书由客户端软件支持，灵活性好，安全级别高。所有 JPF 文件用户证书均为双证书。

实际中的证书管理以树形结构存在，并根据需要和系统级别分为不同的层次。不同的组织所需要的证书管理架构的级别不同，比如对于一个区域性的企业，只需要一级或者最多两级CA就可以发放和管理足够的证书以保证通信的安全性，而对于一些较复杂的CA系统，如全国性的、全行业性的，甚至全球性的，就需要多级CA，采用证书链的形式进行管理。如全国性的证书系统，根CA集中控制，每一个省级单位可以建立一个二级CA，市级地区可以建立一个三级CA，以此类推，并根据需要和级别，在不同的CA处为用户颁发证书。

2. 证书签发

对于通过审核的用户申请，系统可以为其签发证书。签发的证书符合相关标准，并支持扩展。签发时使用的系统密钥享有最高的安全级别，由系统的签发服务器管理。

3. 证书发行

对于已签发的证书，系统自动将其发布到公开的目录服务器中。一般系统至少要支持所有符合LDAP V3标准的目录服务，其中包括Windows 2000 Server中的Active Directory，支持主/从式目录服务器机制。

证书的发行是透明的、不需要人为干预的，并自动提供对目录服务器的管理功能，包括：系统目录项的创建、系统目录项的删除、系统目录项各子节点的管理、系统自定义属性的管理。

4. 证书归档

系统发行证书并自动对其进行归档。归档的证书存储在系统数据库中，并支持证书的备份、备份证书的恢复、根据归档证书重建目录服务器内容等功能。

5. CRL的签发与更新

证书是用来绑定身份和其相应公钥的数据文件，它具有一定的生命期。通常，这种绑定在证书的整个生命周期是有效的。但是，由于某些原因（如证书用户身份的改变或私钥泄露等）在证书到期之前必须取消这种绑定，使证书不再有效。因此，就需要有一种有效和可信的方法来进行证书撤销。证书撤销实现机制有很多种。传统的方法是周期性地发布证书撤销列表（CRL），也称为证书黑名单。PKIX工作组在RFC2459中对CRL做了详细描述。证书验证者定期查询和下载CRL，根据CRL中是否包含该证书序列号来判断证书的有效性。为了消除周期性发表证书撤销信息所引起的时延，可以采用在线的证书撤销查询机制实时地对证书的有效性进行验证。

系统支持签发标准格式的CRL。在签发CRL时采用分布点策略，保证CRL的大小在指定的范围内，为用户下载和查询CRL提供方便条件。

CRL的签发有两种方式：手动和自动。手动签发由首席安全官根据需要执行。自动签发指以指定时间间隔自动检索新的失效证书，并签发CRL。签发CRL的时间间隔由首席安全官灵活制定。每当时间到期或管理员强制签发CRL时，使用系统私钥对撤销证书序列号签名并以标准格式存储。

6. CRL的下载和验证

签发后的CRL可供用户使用浏览器或客户端软件下载、验证，并确保用户得到的CRL是最近一次更新的数据。通过签发标准的CRL，可以支持CRL的验证。验证分为两种，一种是在客户端，另一种是在系统内部。客户端对CRL的验证使用同样支持标准的客户端应用软件或浏览器。

7. 证书状态查询

在线证书状态协议（Online Certificate Status Protocol，OCSP）是最有代表性的证书状态查询协议，是被广泛应用的在线证书验证机制。OCSP 是 PKIX 工作组在 RFC 2560 中提出的协议，它提供了一种从名为 OCSP 响应器的可信第三方获取在线撤销信息的手段。OCSP 响应器通常使用 CRL 检查维护其状态信息。

3.4.2　密钥管理

密钥管理是 PKI（主要是指 CA）功能操作中的重要一环，主要是密钥对的安全管理，包括密钥的产生、验证和分发，密钥备份、销毁和恢复，密钥更新和注销等。

1. 密钥的产生、验证和分发

密钥对的产生是证书申请过程中重要的一步，其中产生的私钥由用户保留，公钥和其他信息则交与 CA 进行签名，从而产生证书。

用户公钥对的产生的方式有两种。

1）由用户自己产生。这种方式下，用户自己选取产生密钥，同时要负责私钥的存放，还应该向 CA 或 RA 提交自己的公钥和身份证明，CA 对用户进行身份认证，对密钥的强度和持有者进行审查。在审查通过的情况下，对用户的公钥产生证书；然后通过面对面、信件或者电子方式将证书安全地发放给用户；最后 CA 负责将证书发布到相应的目录服务器。

2）由 CA 产生。由于用户一般对公钥体制了解较少，因此更多的时候是由 CA 为用户产生密钥对。这种情况下用户应到 CA 申请、产生并获得密钥对，产生之后，CA 应自动销毁本地的用户密钥对备份，用户取得密钥对后，保存好自己的私钥，将公钥送至 CA 或 RA，CA 产生证书，并登记、发放证书。

CA 本身的密钥对一般由上级 CA 产生。各级 CA 的证书由它的上级 CA（PCA）签发，CA 的公钥一般也是由上级 CA 签发，并取得上级 CA 的公钥证书；当它签发下级证书时（无论是用户还是 RA），同时向下级发送自己的公钥证书及根 CA（通常称为 PAA）证书。

2. 密钥备份、销毁和恢复

在一个 PKI 系统中，维护密钥对的备份至关重要，如果没有这种措施，当密钥丢失时，加密数据就无法恢复明文。

在密钥泄密、证书作废后，为了恢复 PKI 中实体的业务处理和产生数字签名，遭泄密的实体将获得（包括个人用户）一对新的密钥，并要求 CA 产生新的证书。旧的证书和密钥要进行销毁，以防泄密。

如果泄露密钥的实体是 CA，它需要重新签发以前那些用泄密公钥所签发的证书。每一个下属实体将产生新的密钥对，获得 CA 用新私钥签发的新的证书。而原来用泄密公钥签发的旧证书将一律作废，并被放入 CRL。

在具体做法上可采取双 CA 的方式来进行泄密后的恢复。即每一个 PKI 实体的公钥都由两个 CA 签发证书，当一个 CA 遭到密钥泄露后，得到通知的用户可转向另一个 CA 的证书链，可以通过另一个 CA 签发的证书来验证签名。这样就可以减少重新产生密钥对和重新签发证书的巨大工作量。对遭泄密 CA 的恢复和对其下属实体证书的重新发放工作可以稍慢进行，此时系统的功能不受影响。

3. 密钥的更新和注销

每一个由 CA 颁发的证书都有有效期，密钥对生命周期的长短由签发证书的 CA 来设定，各 CA 系统的证书有效期有所不同，一般为 2~3 年。当有效期将至时，用户需要向 CA 申请更新密钥和证书，并注销旧密钥。

3.4.3 LDAP 目录服务

PKI 发布证书或 CRL 到数据库，证书使用者从数据库获取证书或 CRL。PKI 应提供多种获取途径，如 LDAP、HTTP、FTP、X.509 等。其中 LDAP 是最流行、最方便的一种。

作为目录访问协议，LDAP 提供了以下操作。

- 绑定到目录（匿名或使用 DN）。
- 使用过滤器（Filter）搜索条目。
- 增加或删除条目。
- 增加、删除或修改条目属性及属性值。
- 修改 DN 的最后一部分。

作为 PKI 操作协议的 LDAP，提供了从数据库发布证书和管理 PKI 信息的服务。这种服务包含三方面的内容。

1. LDAP 数据库的读取

该服务提供当端用户知道条目名时，从某个条目（Entry）发布 PKI 信息。它需要以下的 LDAP 操作：

```
BindRequest (and BindResponse)
SearchRequest (and SearchResponse)
UnbindRequest
```

2. LDAP 数据库的查询

用任意的方法，在数据库中查询某个包含证书、CRL 或其他信息的条目。它需要以下的 LDAP 操作：

```
BindRequest (and BindResponse)
SearchRequest (and SearchResponse)
UnbindRequest
```

3. LDAP 数据库的修改

该服务提供对数据库中 PKI 信息的增加、删除和修改。它需要以下的 LDAP 操作：

```
BindRequest (and BindResponse)
ModifyRequest (and ModifyResponse)
AddRequest (and AddResponse)
DelRequest (and DelResponse)
UnbindRequest
```

3.4.4 审计

PKI 体系中的任何实体都可以进行审计操作，但一般而言是由 CA 来执行审计。CA 保存所有与安全有关的审计信息，具体内容如下。

- 产生的密钥对。
- 证书的请求信息。
- 密钥泄露的报告。
- 证书中包括的某种关系的终止信息等。
- 证书的使用过程日志。

3.5 PKI 互操作性和标准化

随着互联网的普及，PKI 应用越来越广泛，世界范围内将出现多种多样的证书管理体系结构。为了更好地为用户提供服务，不同厂商的 PKI 产品需要互连互通。如电力用户要用数字证书到银行去交电费，银行的 PKI 就要对电力用户的证书进行认证（确认身份）。通常电力 PKI 和银行 PKI 是不同厂商的产品，这就需要两家 PKI 产品能互操作。即使是在相同领域的应用，处在世界不同地域，也会有 PKI 互操作的要求。所以，PKI 体系的互操作性（互通性）不可避免地成为 PKI 体系建立时必须考虑的因素。

标准化是解决 PKI 互操作性的有效途径。同时，PKI 产品自身的安全性也非常重要，也需要专门的机构和标准规范对产品的安全功能和性能进行测评认定。因此，标准化就成了 PKI 发展的必然趋势。

3.5.1 PKI 互操作的实现方式

PKI 体系在全球互通有两种可行的实现方式：交叉认证和建立统一根证书。

交叉认证方式是指需要互通的 PKI 体系中的 PAA 在经过协商和政策制定之后，可以互相认证对方系统中的 PAA（即根 CA）。具体做法是根 CA 用自己的私钥为其他进行交叉认证的根 CA 的公钥签发证书，这样所有根 CA 要保留与它交叉认证的根 CA 的证书，而每个用户在原有的证书链上增加一个可被交叉认证的证书，即可实现交叉认证。

建立统一根证书的方式需要将不同的 PKI 体系组织在同一个全球根 CA 之下，这个全球根 CA 由一个国际化组织（如联合国）来建立。由于各个 PKI 体系都有保持本体系的独立自治的要求，因此这种方式实现起来较为困难。PKI 体系的互操作性采用交叉认证来实现。

3.5.2 PKI 标准

PKI 标准可以分为第一代和第二代。

第一代 PKI 标准主要包括美国 RSA 公司的公钥加密标准（Public Key Cryptography Standards，PKCS）系列、国际电信联盟的 ITU-T X. 509、IETF 组织的公钥基础设施 X. 509（Public Key Infrastructure X. 509，PKIX）标准系列、无线应用协议（Wireless Application Protocol，WAP）论坛的无线公钥基础设施（Wireless Public Key Infrastructure，WPKI）标准等。第一代 PKI 标准主要是基于抽象语法符号（Abstract Syntax Notation One，ASN. 1）编码的，实现比较困难，这也在一定程度上影响了标准的推广。

2001 年，由微软、Versign 和 webMethods 三家公司发布了 XML 密钥管理规范（XML Key Management Specification，XKMS），被称为第二代 PKI 标准。XKMS 由两部分组成：XML 密钥信息服务规范（XML Key Information Service Specification，X-KISS）和 XML 密钥注册服务规范

（XML Key Registration Service Specification，X-KRSS）。X-KISS 定义了包含在 XML-SIG 元素中的用于验证公钥信息合法性的信任服务规范；使用 X-KISS 规范，XML 应用程序可通过网络委托可信的第三方 CA 处理有关认证签名、查询、验证、绑定公钥信息等服务。X-KRSS 则定义了一种可通过网络接受公钥注册、撤销、恢复的服务规范；XML 应用程序建立的密钥对，可通过 X-KRSS 规范将公钥部分及其他有关的身份信息发给可信的第三方 CA 注册。X-KISS 和 X-KRSS 规范都按照 XML Schema 结构化语言定义，使用简单对象访问协议（SOAP V1.1）进行通信，其服务与消息的语法定义遵循 Web 服务定义语言（WSDL V1.0）。

目前 XKMS 已成为 W3C 的推荐标准，并已被微软、Versign 等公司集成到他们的产品中。微软已在 ASP.net 中集成了 XKMS，Versign 已发布了基于 Java 的信任服务集成工具包 TSIK。

3.5.3　X.509

X.509 为证书及其 CRL 格式提供了一个标准。但 X.509 本身不是 Internet 标准，而是国际电信联盟（ITU）标准，它定义了一个开放的框架，并可以在一定的范围内进行扩展。

1. X.509 的三个版本

X.509 目前有三个版本：X.509 V1、X.509 V2 和 X.509 V3，其中 X.509 V3 是在 X.509 V2 的基础上加上扩展项后的版本，这些扩展包括由 ISO 文档（X.509-AM）定义的标准扩展，也包括由其他组织或团体定义或注册的扩展项。X.509 由 ITU-T X.509（前身为 CCITT X.509）或 ISO/IEC 9594-8 定义，早在 1988 年作为 X.500 目录建议的一部分被发表，并作为 X.509 V1 版本的证书格式。1993 年对 X.500 进行了修改，并在 X.509 V1 基础上增加了两个额外的域，用于支持目录存取控制，从而产生了 X.509 V2 版本。X.509 的三个版本各字段如图 3-8 所示。

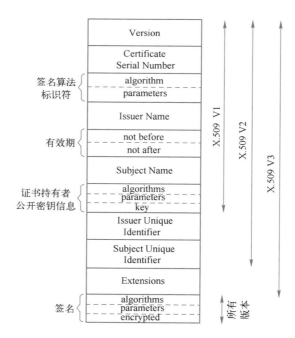

图 3-8　X.509 的三个版本的字段

2. X. 509 V1 和 X. 509 V2 证书的主要内容

X. 509 V1 和 X. 509 V2 证书所包含的主要内容如下。

1）证书版本号（Version）：版本号指明 X. 509 证书的格式版本，现在的值可以为 0、1、2，也为将来的版本进行了预定义。

2）证书序列号（Certificate Serial Number）：序列号指定由 CA 分配给证书的唯一的数字型标识符。当证书被取消时，实际上是将此证书的序列号放入由 CA 签发的 CRL 中，这也是序列号具备唯一性的原因。

3）签名算法标识符（Signature Algorithm Identifier）：签名算法标识符用来指定由 CA 签发证书时所使用的签名算法。算法主要使用公开密钥算法和 Hash 算法，同时须向国际知名标准组织（如 ISO）注册。

4）签发机构名（Issuer Name）：此字段用来标识签发证书的 CA 的 X. 500 DN 名字。包括国家、省市、地区、组织机构、单位部门和通用名。

5）有效期（Period of Validity）：指定证书的有效期，包括证书开始生效的日期和时间以及失效的日期和时间。每次使用证书时，需要检查证书是否在有效期内。

6）证书用户名（Subject Name）：指定证书持有者唯一的 X. 500 名字。包括国家、省市、地区、组织机构、单位部门和通用名，还可包含 Email 地址等个人信息等。

7）证书持有者公开密钥信息（Subject's Public Key Info）：证书持有者公开密钥信息字段包含两个重要信息，即证书持有者的公开密钥的值和公开密钥使用的算法标识符。此标识符包含公开密钥算法和 Hash 算法。

8）签发者唯一标识符（Issuer Unique Identifier）：签发者唯一标识符是在 X. 509 V2 加入证书定义中的。此字段用在当同一个 X. 500 名字用于多个认证机构时，用一比特字符串来唯一标识签发者的 X. 500 名字。可选。

9）证书持有者唯一标识符（Subject Unique Identifier）：证书持有者唯一标识符是在 X. 509 V2 的标准中加入 X. 509 证书定义中的。此字段用在当同一个 X. 500 名字用于多个证书持有者时，用一比特字符串来唯一标识证书持有者的 X. 500 名字。可选。

10）签名（Signature）：证书签发机构对证书上述内容的签名值。

X. 509 V3 证书是在 X. 509 V2 的基础上以标准形式或普通形式增加了扩展项，使证书能够附带额外信息。标准扩展项是指由 X. 509 V3 版本定义的在 X. 509 V2 版本基础上增加的具有广泛应用前景的扩展项。任何人都可以通过 ISO 等标准组织，注册扩展项，如果这些扩展项被广泛应用，以后也许会成为标准扩展项。

3. 一个证书实例

下面介绍一个证书实例。该证书包含 699 字节，证书版本号为 3，证书内容概要如下，具体内容如表 3-1 所示。

1）证书序列号是 17（0x11）。

2）证书使用 DSA 和 SHA-1 Hash 算法签名。

3）证书签发机构名是 OU=nist；O=gov；C=US。

4）证书用户名是 OU=nist；O=gov；C=US。

5）证书的有效期从 1997-6-30 到 1997-12-31。

6）证书包含一个 1024 bit DSA 公钥及其参数（三个整数 p、q、g）。

7）证书包含一个证书持有者密钥标识符（subjectKeyIdentifier）扩展项。

8）证书是一个 CA 证书（通过 basicConstraints 基本扩展项标识）。

表 3-1　证书内容

地　址	内　容	意　义
0000	30 82 02 b7	SEQUENCE Certificate:: SEQUENCE 类型（30），数据块长度字节为 2（82），长度为 695（02 b7）
0004	30 82 02 77	SEQUENCE tbsCertificate:: SEQUENCE 类型，长度 631
0008	a0 03	Version:: 特殊内容-证书版本（a0），长度 3
0010	02 01 02	INTEGER 2 version:: 整数类型（02），长度 1，版本 3（2）
0013	02 01 11	INTEGER 17 serialNumber:: 整数类型（02），长度 1，证书序列号 17
0016	30 09	SEQUENCE signature:: SEQUENCE 类型（30），长度 9
0018	06 07 2a 86 48 ce 38 04 03	signature:: OBJECT IDENTIFIER 类型，长度 7，dsa-with-sha 算法 OID 1. 2. 840. 10040. 4. 3：dsa-with-sha
0027	30 2a	SEQUENCE 以下的数据块表示 issuer 信息，长度为 42
0029	31 0b	SET 开始一个集合，长度为 11
0031	30 09	SEQUENCE 开始一个序列，长度为 9
0033	06 03 55 04 06	OBJECT IDENTIFIER 类型，长度 3 OID 2. 5. 4. 6 C
0038	13 02 55 53	PrintableString 'US'
0042	31 0c	SET 开始一个集合，长度为 12
0044	30 0a	SEQUENCE 开始一个序列，长度为 10
0046	06 03 55 04 0a	OBJECT IDENTIFIER 类型，长度 3 OID 2. 5. 4. 10 O
0051	13 03 67 6f 76	PrintableString 'gov'
0056	31 0d	SET 开始一个集合，长度为 13
0058	30 0b	SEQUENCE 开始一个序列，长度为 11
0060	06 03 55 04 0b	OBJECT IDENTIFIER 类型，长度 3 OID 2. 5. 4. 11：OU
0065	13 04 6e 69 73 74	PrintableString 'nist'
0071	30 1e	SEQUENCE validity:: SEQUENCE 类型（30），长度 30
0073	17 0d 39 37 30 36 33 30 30 30 30 30 30 30 5a	notBefore:: UTCTime 类型（23），长度 13 UTCTime '970630000000Z'
0088	17 0d 39 37 31 32 33 31 30 30 30 30 30 30 5a	notBefore:: UTCTime 类型（23），长度 13 UTCTime '971231000000Z'
0103	30 2a	SEQUENCE 以下数据块表示 subject 信息，长度 42

（续）

地　址	内　容	意　义
0105	31 0b	SET，长度 11
0107	30 09	SEQUENCE 长度 9
0109	06 03 55 04 06	OBJECT IDENTIFIER 类型，长度 3 OID 2.5.4.6：C
0114	13 02 55 53	PrintableString 'US'
0118	31 0c	SET，长度 12
0120	30 0a	SEQUENCE 长度 10
0122	06 03 55 04 0a	OBJECT IDENTIFIER 类型，长度 3 OID 2.5.4.10：O
0127	13 03 67 6f 76	PrintableString 'gov'
0132	31 0d	SET，长度 13
0134	30 0b	SEQUENCE 长度 11
0136	06 03 55 04 0b	OBJECT IDENTIFIER 类型，长度 3 OID 2.5.4.11：OU
0141	13 04 6e 69 73 74	PrintableString 'nist'
0147	30 82 01 b4	SEQUENCE subjectPublicKeyInfo：：SEQUENCE 类型（30），长度 436
0151	30 82 01 29	SEQUENCE 类型（30），长度 297
0155	06 07 2a 86 48 ce 38 04 01	IDENTIFIER 类型，长度 7 OID 1.2.840.10040.4.1
0164	30 82 01 1c	SEQUENCE 类型（30），长度 284 DSA 算法的 parameters，三个整数 p、q、g
0168	02 81 80	INTEGER　p 参数，长度 128
	d4 38 02 c5 35 7b d5 0b a1 7e 5d 72 59 63 55 d3 45 56 ea e2 25 1a 6b c5 a4 ab aa 0b d4 62 b4 d2 21 b1 95 a2 c6 01 c9 c3 fa 01 6f 79 86 83 3d 03 61 e1 f1 92 ac bc 03 4e 89 a3 c9 53 4a f7 e2 a6 48 cf 42 1e 21 b1 5c 2b 3a 7f ba be 6b 5a f7 0a 26 d8 8e 1b eb ec bf 1e 5a 3f 45 c0 bd 31 23 be 69 71 a7 c2 90 fe a5 d6 80 b5 24 dc 44 9c eb 4d f9 da f0 c8 e8 a2 4c 99 07 5c 8e 35 2b 7d 57 8d	
0299	02 14	INTEGER　　q 参数，长度 20
	a7 83 9b f3 bd 2c 20 07 fc 4c e7 e8 9f f3 39 83 51 0d dc dd	
0321	02 81 80	INTEGER　g 参数，长度 128
	0e 3b 46 31 8a 0a 58 86 40 84 e3 a1 22 0d 88 ca 90 88 57 64 9f 01 21 e0 15 05 94 24 82 e2 10 90 d9 e1 4e 10 5c e7 54 6b d4 0c 2b 1b 59 0a a0 b5 a1 7d b5 07 e3 65 7c ea 90 d8 8e 30 42 e4 85 bb ac fa 4e 76 4b 78 0e df 6c e5 a6 e1 bd 59 77 7d a6 97 59 c5 29 a7 b3 3f 95 3e 9d f1 59 2d f7 42 87 62 3f f1 b8 6f c7 3d 4b b8 8d 74 c4 ca 44 90 cf 67 db de 14 60 97 4a d1 f7 6d 9e 09 94 c4 0d	
0452	03 81 84	BIT STRING（0 unused bits）subjectPublicKey：：公钥值，BIT STRING 类型，长度 132 字节
0455	02 81 80	INTEGER 公钥值，表现为 integer 类型，128 字节，1024 位

（续）

地 址	内 容	意 义
	aa 98 ea 13 94 a2 db f1 5b 7f 98 2f 78 e7 d8 e3 b9 71 86 f6 80 2f 40 39 c3 da 3b 4b 13 46 26 ee 0d 56 c5 a3 3a 39 b7 7d 33 c2 6b 5c 77 92 f2 55 65 90 39 cd 1a 3c 86 e1 32 eb 25 bc 91 c4 ff 80 4f 36 61 bd cc e2 61 04 e0 7e 60 13 ca c0 9c dd e0 ea 41 de 33 c1 f1 44 a9 bc 71 de cf 59 d4 6e da 44 99 3c 21 64 e4 78 54 9d d0 7b ba 4e f5 18 4d 5e 39 30 bf e0 d1 f6 f4 83 25 4f 14 aa 71 e1	
0587	a3 32	extensions：：特殊内容-证书扩展部分（a3），长度 50
0589	30 30	SEQUENCE，长度 48
0591	30 0f	SEQUENCE 扩展 basicConstraints，长度 9
0593	06 03	OID 2.5.29.19：basicConstraints
	55 1d 13	
0598	01 01	BOOLEAN true，表示为 CA 证书
	ff	
0601	04 05	OCTET STRING，长度 5
	30 03 01 01 ff	
0608	30 1d	SEQUENCE 扩展 subjectKeyIdentifier，长度 29
0610	06 03	OID 2.5.29.14：subjectKeyIdentifier
	55 1d 0e	
0615	04 16	OCTET STRING 扩展 subjectKeyIdentifier 的值，长度 22
	04 14 e7 26 c5 54 cd 5b a3 6f 35 68 95 aa d5 ff 1c 21 e4 22 75 d6	
0639	30 09	SEQUENCEsignatureAlgorithm：：= AlgorithmIdentifier，长度 9
0641	06 07	OID 1.2.840.10040.4.3：dsa-with-sha
	2a 86 48 ce 38 04 03	
0650	03 2f	BIT STRING（0 unused bits）bit 串，证书签名值，47 字节
0652	30 2c	SEQUENCE，长度 44
0654	02 14	INTEGER 签名值，20 字节，160 bit
	a0 66 c1 76 33 99 13 51 8d 93 64 2f ca 13 73 de 79 1a 7d 33	
0674	02 14	INTEGER 签名值，20 字节，160 bit
	5d 90 f6 ce 92 4a bf 29 11 24 80 28 a6 5a 8e 73 b6 76 02 68	

3.5.4 PKCS

PKCS（The Public-Key Cryptography Standards，公钥密码学标准）是由美国 RSA 数据安全公司及其合作伙伴制定的，其中包括证书申请、证书更新、证书撤销列表发布、扩展证书内容以及数字签名、数字信封的格式等方面的一系列相关协议。到 1999 年底，PKCS 已经公布了以下标准。

- PKCS#1：定义 RSA 公开密钥算法加密和签名机制，主要用于组织 PKCS#7 中所描述的数字签名和数字信封。
- PKCS#3：定义 Diffie-Hellman 密钥交换协议。

- PKCS#5：描述一种利用从口令派生出来的安全密钥加密字符串的方法。使用 MD2 或 MD5 从口令中派生密钥，并采用 DES-CBC 模式加密。主要用于加密从一台计算机传送到另一台计算机的私人密钥，不能用于加密消息。
- PKCS#6：描述了公钥证书的标准语法，主要描述 X.509 证书的扩展格式。
- PKCS#7：定义一种通用的消息语法，包括数字签名和加密等用于增强的加密机制。PKCS#7 与 PEM 兼容，所以不需其他密码操作就可以将加密的消息转换成 PEM 消息。
- PKCS#8：描述私有密钥信息格式，该信息包括公开密钥算法的私有密钥以及可选的属性集等。
- PKCS#9：定义一些用于 PKCS#6 证书扩展、PKCS#7 数字签名和 PKCS#8 私钥加密信息的属性类型。
- PKCS#10：描述证书请求语法。
- PKCS#11：称为 Cyptoki，定义了一套独立于技术的程序设计接口，用于智能卡和 PCMCIA 卡之类的加密设备。
- PKCS#12：描述个人信息交换语法标准，即将用户公钥、私钥、证书和其他相关信息打包的语法。
- PKCS#13：椭圆曲线密码体制标准。
- PKCS#14：伪随机数生成标准。
- PKCS#15：密码令牌信息格式标准。

3.5.5　PKIX

Internet 工程任务组（IETF）主要负责制定标准化协议/功能并推动其运用。这些工作被很多工作组分担，他们分别致力于不同的领域。IETF 安全领域的公钥基础实施（PKIX）工作组正在为互联网上使用的公钥证书定义一系列的标准。PKIX 工作组在 1995 年 10 月成立。

PKIX 作为 IETF 设立的工作组，其章程中包含了如下 4 项专项内容。

- 证书和 CRL 概貌（Profile）。
- 证书管理协议。
- 证书操作协议。
- 证书策略（CP）和认证业务声明（CSP）结构。

第一项是制定 X.509 的语法，包括对强制性的、可选择性的、必要的和非必要的扩展的详细说明。这些扩展用于与 PKIX 相容的证书和 CRL 中。

第二项对在 IPKI 中管理操作需求所用到的协议进行了详细说明。这些操作包括对实体及密钥对的初始化/认证、证书撤销、密钥备份和恢复，以及 CA 密钥更换、交叉认证等。

第三项详细描述了日常 IPKI 操作中需要用到的协议，比如从公共存储库中收回证书/证书撤销列表，证书的在线撤销状态检查等。

第四项为对书写 CP 和 CSP 文档的作者提供的指导，以及关于特殊环境中所应包括的主题和格式的建议。

3.5.6　PKI 国家标准

国家信息安全工程技术研究中心暨上海信息安全工程技术研究中心（以下简称"安全中心"）于 2001 年 10 月成立，是受国家科技部领导，由国家密码管理局、国家保密局、公安部、安全部、工业和信息化部、上海市科委共同指导的专事信息安全工程技术研究与系统集成的研究机构，该安全中心的一个重要工作就是建设 PKI 国家标准。

该中心作为主要研制和起草单位共同起草的《信息安全技术 公钥基础设施安全支撑平台技术框架》（国家标准编号为 GB/T 25055-2010，简称《安全支撑平台技术框架》）和《信息安全技术 公钥基础设施简易在线证书状态协议》（国家标准编号为 GB/T 25059-2010，简称《简易在线证书状态协议》），由国家质量监督检验检疫总局和国家标准化管理委员会于 2010 年 9 月 2 日正式发布，并于 2011 年 2 月 1 日实施，于 2017 年废止。

《安全支撑平台技术框架》标准提出了我国安全支撑平台的框架结构，规定了各子系统的通用接口标准要求，解决了信息安全基础设施的互操作性问题，为国内基于 PKI 体系的信任体系建设提供了统一规范，有利于国内 PKI 建设及应用的互通互联。

3.6 PKI 服务与应用

3.6.1 PKI 服务

PKI 提供的核心服务包括身份认证、数据完整性、机密性、不可否认性。

1. 身份认证服务

身份认证服务即身份识别与鉴别，就是确认实体即为自己所声明的实体，鉴别身份的真伪。PKI 身份认证服务主要采用数字签名技术，签名作用于相应的数据之上，主要有数据源认证服务和身份认证服务。

2. 数据完整性服务

数据完整性服务就是确认数据没有被修改，即数据无论是在传输还是在存储过程中，经过检查确认没有被修改。通常情况下，PKI 主要采用数字签名来实现数据完整性服务。如果敏感数据在传输和处理过程中被篡改，接收方就收不到完整的数字签名，验证就会失败。另外，散列函数（又称杂凑函数、哈希函数）常用于数据完整性认证。

3. 数据机密性服务

数据机密性服务就是确保数据的秘密，除了指定的实体外，其他未经授权的人不能读出或看懂该数据。PKI 的机密性服务采用了"数据信封"机制，即发送方先产生一个对称密钥，并用该对称密钥加密敏感数据。同时，发送方还用接收方的公钥加密对称密钥，就像把它装入一个"数字信封"。然后，把被加密的对称密钥（数字信封）和被加密的敏感数据一起传送给接收方。接收方用自己的私钥拆开"数字信封"并得到对称密钥，再用密钥解开被加密的敏感数据。

4. 不可否认性服务

不可否认性服务是指从技术上实现保证实体对他们的行为负责。在 PKI 中，主要采用数字签名+时间戳的方法防止对其行为的否认。其中，人们更关注的是数据来源的不可否认性和接收的不可否认性，即用户不能否认敏感信息和文件不是来自于他，以及接收后用户不能否认他已接收到了敏感信息和文件。

3.6.2 PKI 应用

PKI 的应用主要有以下几个方面。

1. 信息安全传输

在各类应用系统中，无论是哪类网络，其网络协议均具有标准、开放、公开的特征，各类信息在标准协议下均为明文传输，泄密隐患很严重。因此，重要敏感数据、隐私数据等信息的远程传输需要通过可靠的通信渠道，采取加密方式，达到保守机密的目的。

同时，由于各应用信息在网上交互传输过程中，不仅面临数据丢失、数据重复或数据传送的自身错误，而且会遭遇信息攻击或欺诈行为，导致最终信息收发的差异性。因此，在信息传输过程中，还需要确保发送和接收的信息内容的一致性，保证信息接收结果的完整性。

应用数字证书技术保护信息传输的安全性，通常采用数字信封技术完成。通过数字信封技术，信息发送者可以指定信息接收者，并且在信息传输的过程中保持机密性和完整性。

2. 安全电子邮件

电子邮件是网络中最常见的应用之一。普通电子邮件基于明文协议，没有认证措施，因此非常容易被伪造，并被泄露内容。重要电子邮件应具有高安全保护措施，因此基于数字证书技术来实现安全邮件在实际中具有巨大需求。

应用数字证书技术提供电子邮件的安全保护，通常采用数字签名和数字信封技术。数字签名保证邮件不会被伪造，具有发信人数字签名的邮件是可信的，并且发信人的行为不可抵赖。数字信封技术可以保证只有发信人指定的接收者才能阅读邮件信息，保证邮件的机密性。

3. 安全终端保护

随着计算机在电子政务、电子商务中的广泛使用，保护用户终端及其数据越来越重要。为了保证终端上敏感的信息免遭泄露、窃取、更改或破坏，一方面可基于数字证书技术实现系统登录，另一方面对重要信息进行动态加密，保护计算机系统及重要文件不被非法窃取、非法浏览。

在电子政务、电子商务中应用数字证书技术实现安全登录和信息加密，采用了数字证书的身份认证功能和数字信封功能。应用系统通过对用户数字证书的验证，可以拒绝非授权用户的访问，保证授权用户的安全使用。用户通过使用数字信封技术，对存放在业务终端上的敏感信息加密保存，保证只有具有指定证书的用户才能访问数据，保证信息的机密性和完整性。

4. 可信电子印迹

电子印迹是指电子形式的图章印记和手写笔迹。

在政府机关信息化建设中，电子公文受到广泛使用。通过电子公文来实现单位内部及单位之间流转传达各种文件，实现无纸化的公文传递、发布，可以有效提高行政办公效率。在电子商务应用中，电子合同等电子文书同样受到广泛使用。为更好体现这些电子文档作为正式公文的权威性和严肃性，它们常常需要"加盖"电子形式的图章印记或显现电子形式的手写签名笔迹，从形式上符合传统习惯。当接受方对电子文件进行阅读和审批时，就需要确认电子文件以及上面的公章图片的真实性、可靠性，防止电子印迹被冒用，造成严重事故。

应用数字证书可以提供可信电子印迹，通常是采用数字签名技术完成的。通过数字签名，可以将签名人的身份信息集成在电子印迹中，从而保证了电子印迹的权威性和可靠性。

5. 可信网站服务

假冒网站服务是互联网上常见的攻击行为，恶意的假冒网站服务所带来的威胁非常严重，不仅会造成网络欺诈、纠纷，还会导致虚假信息发布，影响网站信誉，产生恶劣的后果。

应用数字证书技术可以提供可信网站服务，采用数字证书的身份认证功能，网站用户可以通过对网站的数字证书进行验证，从而避免遭受假冒网站服务的欺骗。

6. 代码签名保护

网络因其便利而被推广，也因其便利遭受一些不利的影响。电子政务、电子商务的用户通过使用网络共享软件方便工作，网站通过控件等技术手段为用户带来便捷，但这些软件、控件等的安全性如何保障？软件的提供商是软件的责任单位，但是网络中可能存在的仿冒行为为软件的使用带来安全隐患。

数字证书的一项重要应用就是代码签名，通过使用数字签名技术，软件的使用者可以验证供应者的身份，防止仿冒软件带来的安全风险。

7. 授权身份管理

授权管理系统是信息安全系统中重要的基础设施，它向应用系统提供对实体（用户、程序等）的授权服务管理，提供实体身份到应用权限的映射，提供与实际应用处理模式相应的、与具体应用系统开发和管理无关的授权和访问控制机制，简化具体应用系统的开发与维护。

授权管理的基础是身份鉴别，只有通过数字证书技术有效地完成对系统用户的身份鉴别后才能正确授权，达到安全保护的最终目的。数字证书技术是授权管理系统的基础，授权管理系统的身份管理依赖于数字证书的身份认证技术。

8. 行为责任认定

用户在各个业务系统中的行为，需要通过身份确认、行为审计等手段进行保存，确保系统在发生意外事故、甚至是被蓄意破坏时能够有效地明确责任所在。

通过使用数字证书的身份认证和数字签名技术，可以在日常操作时正确有效地认证执行者的身份，并在业务系统中使用数字签名对行为日志等签名保存，以供取证时使用。通过使用数字证书相关技术，各项业务操作的行为审计和责任认定可以得到有效保障。

3.7 项目3 认识计算机中的数字证书

用户在使用计算机时，都在使用各类证书，只是平常很少注意证书的存在，下面就介绍一下怎样对计算机上的数字证书进行查看、导出和恢复。

3.7.1 任务1 进入 MMC 中添加证书管理库

实验目的：学会在计算机中添加 MMC 证书管理库，并能熟练操作将证书管理库中的证书导出。

实验环境：Windows 7 以上操作系统。

项目内容

1）在"开始"菜单的"运行"文本框中执行"MMC"命令，打开"控制台"窗口，接着选择"文件"→"添加/删除管理单元"菜单命令，打开"添加或删除管理单元"对话框，在"可用的管理单元"列表框中选择"证书"，单击"添加"按钮，如图3-9所示。

2）在"证书管理"对话框中选中"我的用户账户"单选按钮，再单击"完成"按钮，如图3-10所示。

图 3-9　添加证书　　　　　　　　　图 3-10　"证书管理"对话框

3）回到"控制台根节点"窗口，双击展开"证书 – 当前用户"，就可以看到计算机中当前用户的所有证书，在右侧的窗格中找到要进行备份的数字证书，单击鼠标右键并选择"所有任务"→"导出"命令，如图 3-11 所示。

4）弹出"证书导出向导"对话框，根据提示进行操作就可以了。这里选择要使用的编码格式，也可以选择默认的"DER 编码二进制"。最后选择保存的路径和文件名，以及数字证书文件的扩展名"CER"，即可成功导出证书，如图 3-12 所示。

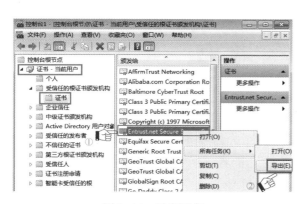

图 3-11　导出证书　　　　　　　　　图 3-12　成功导出证书

3.7.2　任务2　恢复数字证书

实验目的：熟练操作在计算机中恢复数字证书的三种方法。

实验环境：Windows 7 以上操作系统；IE 浏览器；因特网。

项目内容

恢复数字证书的方法由很多种，下面介绍三种常用的恢复数字证书方法。

1. 直接恢复

打开"控制台"窗口，按照上面的方法添加"证书"单元，接着在左侧窗格中选择要导入的分类文件夹，然后在右侧窗格中单击鼠标右键，选择"所有任务"→"导入"命令，最后就可以按照"证书导入向导"提示来导入备份的数字证书了。

2. 在"IE 选项"对话框中进行导入

如果导入的是具有保护密码的数字证书，就可以在 IE 中进行操作。打开"Internet 选项"对话框，在"内容"标签下单击"证书"按钮，然后在弹出的"证书"对话框中单击"导入"按钮，打开"证书导入向导"对话框导入备份的数字证书，如图 3-13 所示。

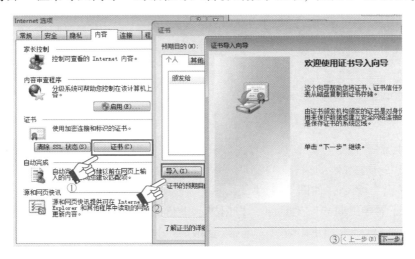

图 3-13　在 IE 中导入证书

3. 指定恢复代理

在"开始"菜单的搜索文本框中搜索"本地安全策略"，接着在"本地安全策略"窗口中的"公钥策略"下的"加密文件系统"上单击鼠标右键，选择"所有任务"→"添加数据恢复代理程序"命令，如图 3-14 所示。通过"添加故障恢复代理向导"选择作为代理的用户或者该用户的具有故障恢复证书的 CRE 文件。这样对数字证书进行备份和恢复后，就不用再重装系统了。

图 3-14　指定恢复代理

3.8　项目 4　对 Office 文件进行数字签名

3.8.1　任务 1　为 Office 2013 文件创建数字证书

实验目的：熟练操作在 Microsoft Office 中创建数字证书。

实验环境：Windows 10 操作系统；Microsoft Office 2013 软件。

项目内容

1）打开目录 C:\Program Files\Microsoft Office，搜索"SelfCert.exe"，执行 SelfCert.exe 打开如图 3-15 所示对话框。

2）在"您的证书名称"文本框中输入想创建的证书名称，单击"确定"按钮后，数字证书创建成功，如图 3-16 所示。

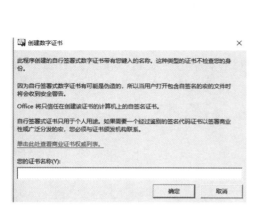

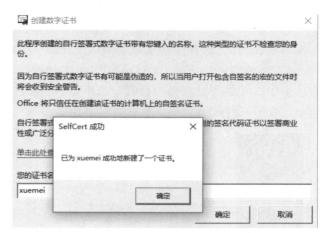

图 3-15　"创建数字证书"对话框　　　　　　　　图 3-16　数字证书创建成功

3）下面通过 IE 浏览器来查看创建的数字证书。打开 IE 浏览器，选择右上角的"工具"按钮，在弹出的下拉列表中选择"Internet 选项"，在"Internet 选项"对话框中，单击"内容"选项卡下的"证书"按钮，如图 3-17 所示。

4）在弹出的"证书"对话框中，可以看到导入成功的数字证书，表明数字证书创建成功，如图 3-18 所示。

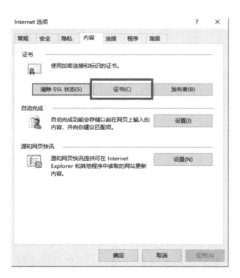

图 3-17　查看证书　　　　　　　　　　　图 3-18　导入的数字证书

3.8.2　任务 2　在 Office 2013 文件中添加不可见的数字签名

实验目的：熟练操作在 Microsoft Office 2013 文件中添加不可见的数字签名。

实验环境：Windows 7 以上操作系统；Microsoft Office 2013 软件。

项目内容

在 Office 2013 及之后的版本中添加数字签名更为方便，下面对 Office 2013 文件添加不可见的数字签名，文件可以是 Word、Excel 或 PowerPoint。

1）选择"文件"→"信息"菜单命令，单击"保护文档"（或"保护工作簿""保护演示文稿"按钮），选择"添加数字签名"，如图 3-19 所示。

2）阅读 Word、Excel 或 PowerPoint 中显示的消息，然后单击"确定"按钮。在"签名"对话框中的"签署此文档的目的"文本框中，输入签署目的。单击"签名"按钮，如图 3-20 所示。在对文件进行数字签名后，将出现"签名"按钮，并且文件会变为只读以防止修改。

图 3-19　添加数字签名

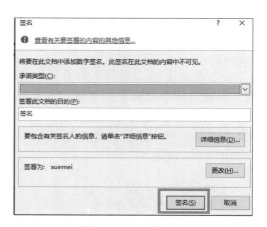

图 3-20　签名设置

3.9　项目 5　LDAP 应用

实验目的：掌握 LDAP 的安装、配置与简单使用方法。

实验环境：Windows 7 \ Windows Server 2008 及其以上操作系统；Java JDK 11 及其以上版本；OpenLDAP Windows x86 版本；LDAP Browser 2.8.2 免安装版本。

项目内容

在 Windows 7\Windows Server 2008 及其以上操作系统上安装 Java JDK 软件、OpenLDAP 和 LDAP Browser 软件后，需要进行相应配置，逐步实现应用工具查看 LDAP 数据。具体步骤如下。

1）默认安装 Java JDK 软件。如果下载的包含 JRE 软件包，在安装好 JDK 后，会自动弹出提示继续安装 JRE 的提示对话框，默认继续安装即可。安装完成后，打开 MS-DOS 工具，输入 cmd 按〈Enter〉键，在出现的窗口中紧接着输入"java"，如果出现如图 3-21 所示的回显信息，表示安装成功；否则检查安装包后重新安装。

2）默认安装 OpenLDAP。双击安装包，进入如图 3-22 所示的 OpenLDAP Installation 安装首页，单击"Next"按钮；勾选"I accept"，单击"Next"按钮，安装路径可以根据实际情况选择合适位置,如"D:\OpenLDAP",单击"Next"按钮;勾选全部复选框,单击"Next"按钮;"Password"选项内容可更改,但需要记住更改后的值,单击"Next"按钮;由于 MDB 的兼容性等不如 BDB,数据库优先选择 BDB,单击"Next"按钮;用户密码保持和前面一样,需要记住,单击"Next"按钮;单击"Install"按钮进行安装,直到出现"Completed"字样,单击"Close"按钮关闭安装界面,如图 3-22~图 3-25 所示。

图 3-21　Java 安装测试

图 3-22　OpenLDAP 安装首页

图 3-23　设置端口和密码

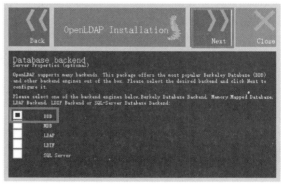

图 3-24　选择数据库

3)配置 OpenLDAP 环境。执行"开始"→"计算机管理"命令,在"计算机管理"窗口中选择"服务和应用程序"下的"服务";在右侧找到 OpenLDAP Service 服务,单击鼠标右键后选择"属性"命令,在弹出对话框中选择手动,依次单击"停止""应用""确定"按钮;在"命令提示符"上单击鼠标右键并选择"以管理员身份运行"打开 cmd 工具,进入 OpenLDAP 安装目录下的 run 子目录,输入"run",按〈Enter〉键;cmd 工具开始回显 LDAP 启动信

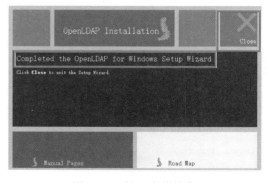

图 3-25　提示安装结束

息,直到出现"sladp starting"字样,表示 OpenLDAP 服务加载各种配置文件后处于运行状态。配置过程如图 3-26~图 3-32 所示。

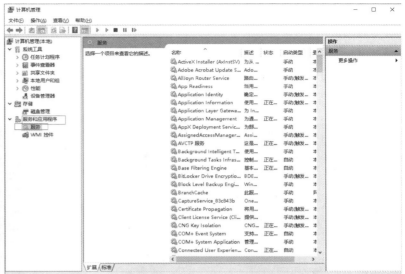

图 3-26　执行"计算机
　　　　管理"命令

图 3-27　打开服务管理

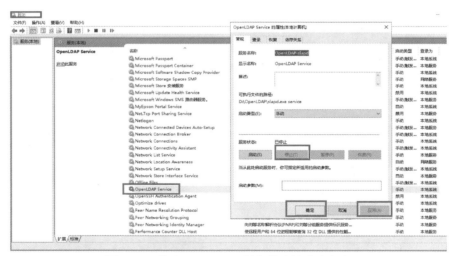

图 3-28　停止 OpenLDAP 服务并选择手动方式

图 3-29　以管理员身份运行 cmd 工具

图 3-30　进入 OpenLDAP 安装路径 run 子目录

图 3-31　执行 run 的回显信息　　　　　图 3-32　LDAP 运行状态

4）配置 LDAP 连接查看默认成员信息。找到 LDAP 安装路径下的 sladp. conf 文件，用文本编辑工具打开，找到 suffix、rootdn 两个属性行并记录其值，为 LDAP 工具连接填写配置信息做准备；本案例选用的是 LDAP Browser 2. 8. 2 免安装版，双击 lbe. bat 打开该软件；在"Connect"对话框中，单击"New"按钮，打开"NewSession"对话框，在"Name"选项卡的"Name"文本框中输入"test"；在"Connection"选项卡中依次输入 LDAP 连接信息："Host"为"localhost"，端口号 389，"Base DN"为"dc = maxcrc, dc = com"（英文半角逗号，无空格），取消勾选"Annomyous bind"复选框，勾选"append base DN"复选框，"User DN"为"cn = Manager"，"Password"为安装 OpenLDAP 软件时候设置的；选择"test"连接，单击"Connect"连接 LDAP 数据库；在连接成功的界面中可以单击默认组织、默认用户，查看相关信息。过程如图 3-33～图 3-39 所示。

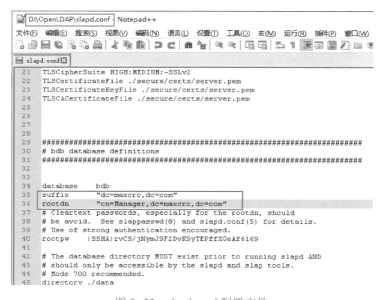

图 3-33　slapd. conf 配置文件

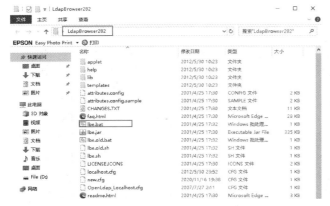

图 3-34 启动批处理文件

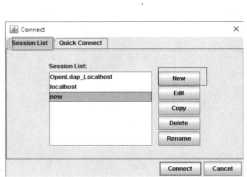

图 3-35 新建连接

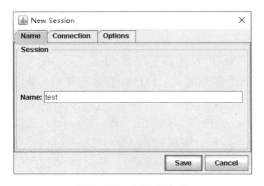

图 3-36 为连接命名

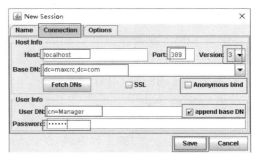

图 3-37 配置连接信息

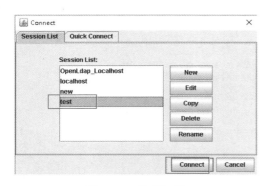

图 3-38 选择连接

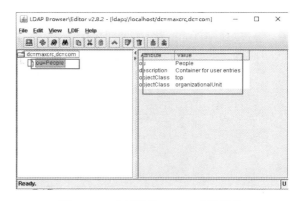

图 3-39 查看默认 LDAP 成员信息

3.10 巩固练习

1. PKI 主要有哪几部分组成？各有什么功能？
2. PKI 的核心服务有哪些？
3. PKI 主要应用在哪些领域？
4. PKI 的证书管理如何实现？

第4章 PKI 数字认证

本章导读：

本章主要介绍数字证书的发展过程与基本特点、分类和用途；由于 PKI 数字证书目前有多种标准，本书主要介绍应用比较广泛的 X.509 证书；因特网上申请数字证书的要求、步骤；PKI 数字证书的生命周期及其相关技术参数。

学习目标：

- 了解常见身份认证技术的特点、用途
- 了解常见身份认证技术的优点、缺点
- 熟练操作从因特网上申请数字证书的要求与步骤
- 掌握 PKI 数字证书的工作原理
- 熟练操作安全套接子层 SSL、电子印章技术、安全电子邮件技术在数字证书中的应用

素质目标： 通过学习 PKI 数字证书相关技术，了解担当和责任的重要性，一人做事一人当，因此在做任何决策和行为的时候应当三思而行，提前考虑到各种可能的后果并把责任承担下来。

4.1 常用身份认证技术方式及应用

身份认证是系统审查用户身份的进程，从而确定该用户是否具有对某种资源的访问和使用权限。身份认证通过标识和鉴别用户的身份，提供一种判别和确认用户身份的机制。身份认证技术在信息安全中处于非常重要的地位，是其他安全机制的基础。只有实现了有效的身份认证，才能保证访问控制、安全审计、入侵防范等安全机制的有效实施。

在因特网飞速发展的今天，用户身份认证的基本方法可以分为以下四种。

1）根据用户所知道的信息来证明自己的身份（你知道什么），例如口令、密码等。

2）根据用户所拥有的东西来证明自己的身份（你有什么），例如印章、智能卡等。

3）直接根据独一无二的生物特征来证明自己的身份（你是谁），比如指纹、声音、视网膜等身体特征，或签字、笔迹等行为特征。

4）运用密码学技术通过第三方（中间人）证明自己身份的合法性，比如数字身份认证。

4.1.1 静态口令认证

静态口令认证是最简单也是最常用的身份认证方法，它是基于"你知道什么"的验证手段。如图 4-1 所示，每个用户的密码是由这个用户自己设定的，也只有用户自己才知道，因此只要能够正确输入密码，计算机就确认用户身份的合法性。然而实际上，许多用户为了防止忘记密码，经常采用诸如自己或家人的生日、电话号码等容易被他人猜测到的有意义的字符串作为密码，或者把密码抄在一个自己认为安全的地方，这都存在着许多安全隐患，极易造成密

码泄露。即使用户能保证密码不被泄露，由于密码是静态的数据，在验证过程中需要在计算机内存中和网络中传输，而每次验证过程使用的验证信息都是相同的，很容易被驻留在计算机内存中的木马程序或网络中的监听设备截获。因此，静态密码是一种极不安全的身份认证方式。

1. 静态口令认证的优点

大多数系统（如 UNIX、Windows NT、NetWare 等）都提供了对口令认证的支持，在封闭的小型系统中，静态口令认证可以作为一种简单可行的方法。然而，基于静态口令的认证方法存在一些不足。

2. 静态口令认证的缺点

1）用户每次访问系统时都要以明文方式输入口令，口令容易泄露，如图 4-1 所示。

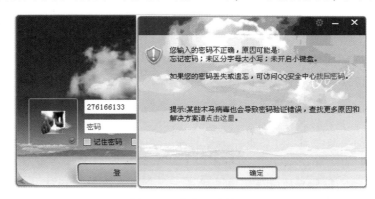

图 4-1　静态口令认证

2）口令在传输过程中可能被截获。

3）用户访问多个不同安全级别的系统时，都要求用户提供口令，用户为了记忆方便，往往采用相同的口令。由于密码是静态的数据，这样存在安全隐患，易造成密码泄露。

4.1.2　短信密码认证

短信密码认证是指以手机短信形式请求密码后，身份认证系统以短信形式发送随机的包含 6 位随机数的动态密码到客户的手机上。如图 4-2 所示，客户在登录或者交易认证时候输入此动态密码，从而确保系统身份认证的安全性。它基于"你有什么"的方法。

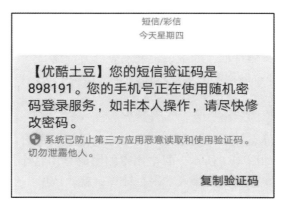

图 4-2　短信密码认证

1. 短信密码认证的优点

1）安全性：由于短信密码生成与使用场景是物理隔绝的，因此密码在通路上被截取的概率降至最低。

2）普及性：只要手机能接收短信即可使用，大大降低短信密码技术的使用门槛，学习成本几乎为 0，所以在市场接受度方面不会存在阻力。

3）易收费：对于运营商来说，这是和 PC 时代互联网截然不同的理念，而且收费渠道非常发达，如网银、第三方支付、电子商务等，可将短信密码作为一项增值业务，每月通过手机终端收费，因此也可增加收益。

4）易维护：由于短信网关技术非常成熟，大大降低短信密码系统的复杂度和风险，短信密码业务的后期客服成本低，稳定的系统在提升安全的同时也营造良好的口碑效应，这也是目前银行也大量采用这项技术的重要原因。

2. 短信密码认证的缺点

1）受限于移动信号覆盖区域。如果在一个封闭的环境，比如电梯、地下室、隧道、偏僻的山区等就无法正常收到移动信号，也就不能正常获取短信密码。

2）存在延迟。通过手机获取短信密码时，由于空间区域的复杂性，获取短信密码存在延迟，因此存在急于登录系统但短信密码迟迟无法接收的矛盾。

4.1.3　智能卡认证

智能卡认证是将智能卡插入智能卡读卡器中，然后输入一个 PIN 码（相当于用户的口令，通常为 4~8 位）。图 4-3 所示为智能卡。这种类型的身份验证既验证用户持有的凭证（智能卡），又验证用户知晓的信息（智能卡 PIN 码），以此确认用户的身份。

基于智能卡的身份认证系统的主要认证流程均在智能卡内部完成。相关的身份信息和中间运算结果均不会出现在计算机

图 4-3　智能卡

系统中。为了防止智能卡被他人盗用，智能卡一般提供使用者个人身份信息验证功能，只有输入正确的 PIN 码，才能使用智能卡。这样即使智能卡被盗，由于盗用者不知道正确的 PIN 码，也将无法使用智能卡。因此智能卡相当于是智能卡与口令技术相结合的产物。

基于智能卡的身份认证系统采用共享密钥的身份认证协议。其身份认证流程如下。

1）被认证方向认证方发起认证请求，并提供自己的身份 ID。

2）认证方首先查找合法用户列表中是否存在身份 ID，如果不存在，则停止操作并返回一个错误信息。如果存在，则认证方随机产生一个 128 bit 的随机数 N，将 N 传给被认证方。

3）被认证方接收到 128 bit 的随机数 N 后，将此随机数送入智能卡输入数据寄存器，发出身份信息加密命令，智能卡利用存储在硬件中的共享密钥 K 采用 Rijndael 算法对随机数 N 进行加密，加密后的结果存放在输出数据寄存器中。

4）被认证方从智能卡输出数据寄存器中取得加密后的数据，传给认证方。认证方同样通

过智能卡完成共享密钥 K 对随机数 N 的加密，如果加密结果和被认证方传来的数据一致，则认可被认证方的身份，否则不认可被认证方的身份。

这个过程实现了认证方对被认证方的单向认证。在某些需要通信双方相互认证的情况下，通信双方互换角色再经过一遍同样的操作流程就可完成双向认证。由于每次认证选择的随机数都不相同，因此可以防止攻击者利用截获的加密身份信息进行重放攻击。

1. 智能卡认证的优点

与传统的身份认证技术相比，智能卡认证具有更高的安全性，更为方便，并带来了更大的经济效益。

（1）安全性

智能卡采用的加密和验证技术满足了发行者和用户对安全性的需要。运用加密技术，资料和数据可以通过有线或无线网络安全地传递。例如，运用基于个人生理特征的生物统计验证技术，将智能卡用于分配政府的福利开支时可以减少欺诈行为和误操作。又例如有些医院提供的健康卡可使医生方便地获得病人信息，并可随时查询病人的病历和保险信息。

（2）方便性

智能卡还可以将身份认证、自动提款、复印、电话付费、健康卡等功能集于一身。例如，健康卡可以直接获取存在智能卡上的关于该病人的信息，从而减少了文件处理成本。还有许多智能卡将认证功能与某些特定的目的结合起来，例如，政府使用的公益卡和校园中能够用于学籍注册、购买食物的校园卡。

（3）经济利益

智能卡减少了政府开支项目中的费用，因为它不用纸张，也就没有纸张处理方面的费用。这样既节省了人力开支，又节省了时间。方便的智能卡支付系统降低了售货机、加油机、公用电话的维护费用。

（4）用户化

智能卡作为个人网络终端，具备网络连接、支付等功能。使用智能卡，用户可以在世界上任何地方通过电话中心或信息平台连接网络，网络服务器根据智能卡上读取的信息来认证用户的身份，提供一个用户化的网页、E-mail 连接及其他授权的服务。为电子设备（包括计算机）建立的个人设置不是存储在设备本身，而是存在智能卡上，如电话号码就是存在智能卡上而不是智能电话。随着智能卡的普及，用户持有的智能卡就相当于连接了整个网络。

（5）其他优点

目前，现金仍然是非常重要的支付手段，当前有 80% 左右的款项收付是通过现金来实现的。因此，有必要寻找一种更为安全方便，也更为经济的替代手段来实现现金收付的功能。智能卡相对于支票、信用卡来说有以下两个优点。

1）降低了操作成本，提高了使用的简便性，降低了基础设施的支持成本，例如银行系统和电话网的维护费用。

2）在一个平台上集中了信用卡、健康卡和货币存储卡等多种功能，实现了一卡多能，例如职工医保卡。

2. 智能卡认证的缺点

目前，智能卡存放信息的技术主要包括两类：一类采用非接触射频识别技术，将信息存在半导体芯片中；另一类采用磁性记录技术。采用磁性记录技术一般都会把用户信息存在嵌有磁条的塑料卡中，磁条上记录着用于机器识别的个人信息。这类卡易于制造，而且磁条上记录的数据也易于转录，因此要设法防止智能卡被仿制。另外，采用磁性记录技术的智能卡不能与磁体接触，容易被消磁。

4.1.4　生物认证

生物识别技术是指利用计算机将光学、声学、生物统计学原理和生物传感器等高科技手段密切结合，通过人体固有的生理特性（如指纹、面部、虹膜等）和行为特征（如笔迹、声音、步态等）来进行个人身份的鉴定技术。常见的有指纹识别、足迹识别、视网膜识别等。从理论上说，生物特征认证是最可靠的身份认证方式，因为它直接使用人的生物特征来表示每一个人的数字身份，不同的人具有相同生物特征的可能性几乎为零，因此几乎不可能被仿冒。生物识别技术主要包括以下几类。

1.　指纹识别

指纹识别技术是以数字图像处理技术为基础而逐步发展起来的。相对于密码、证件等传统身份认证技术而言，指纹识别是一种更为理想的身份认证技术。指纹识别有多种方法，有局部特征识别（如比较指纹的局部细节）、全部特征识别，还有一些更独特的方法，如指纹的波纹边缘模式和超声波。有些设备能即时测量手指指纹，有些则不能。

在所有生物识别技术中，指纹识别是当前应用最为广泛的一种，如图 4-4 所示。对于室内安全系统来说指纹识别技术更为适合，因为可以有充分的条件为用户提供讲解和培训，而且系统运行环境也是可控的。由于其相对低廉的价格、较小的体积（可以很轻松地集成到键盘中）以及容易整合，因此在工作站安全访问系统中应用的大多是指纹识别。

（1）指纹识别的优点

使用指纹识别具有许多优点，例如每个人的指纹都不相同，极难进行复制；指纹比较固定，不会随着年龄的增长或健康程度的变化而变化；最重要的在于指纹图像便于获取，易于开发识别系统，具有很高的实用性和可行性。

图 4-4　指纹识别技术

生物特征认证基于生物特征识别技术，受到现在的生物特征识别技术成熟度的影响，采用生物特征认证还具有较大的局限性。

（2）指纹识别的缺点

一方面，指纹识别的准确性和稳定性还有待提高，特别是当用户身体受到伤病或污渍的影响，往往导致无法正常识别，造成合法用户无法登录。另一方面，指纹信息容易被盗取，因此目前只适合于一些安全性要求低的场合，对于一些安全性要求较高的场合（如银行、特殊部门）等适宜采用其他方式的身份识别。

2.　声纹识别

声纹识别属于生物识别技术，也称为说话人识别，包括说话人辨认和说话人确认。声纹识别就是把声信号转换成电信号，再用计算机进行识别。不同的任务和应用会使用不同的声纹识别技术，如缩小刑侦范围时可能需要辨认技术，而银行交易时则需要确认技术。

声纹（Voiceprint）是用电声学仪器显示的携带言语信息的声波频谱。人类语言的产生是人体语言中枢与发音器官之间一个复杂的生理物理过程，人在讲话时使用的声音器官——舌、牙齿、喉头、肺、鼻腔，在尺寸和形态方面每个人的差异很大，所以任何两个人的声纹图谱都有差异。每个人的语音声学特征既相对稳定性，又存在变异性，不是绝对的、一成不变的。这种变异可来自生理、病理、心理、模拟、伪装，也与环境干扰有关，如图4-5所

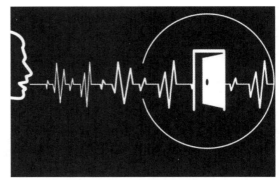

图4-5 声纹识别示意图

示。尽管如此，由于每个人的声音器官都不尽相同，因此在一般情况下，人们仍能区分不同人的声音或能判断是否是同一人的声音。

（1）声纹识别的优点

1）语音获取方便、自然，声纹提取可在不知不觉中完成，因此使用者的接受程度也高。

2）获取语音的设备成本低廉，一个麦克风即可，在使用通信设备时更无需额外的录音设备。

3）适合远程身份确认，只需要一个麦克风或电话、手机就可以通过网络（通信网络或互联网络）实现远程登录。

4）声纹辨认和确认的算法复杂度低。

5）配合一些其他措施，如增加声纹识别进行内容鉴别等，可以提高辨认/确认的准确率。

这些优点使得声纹识别的应用越来越受到系统开发者和用户青睐，声纹识别的市场占有率仅次于指纹和掌纹的生物特征识别，并有不断上升的趋势。

（2）声纹识别的缺点

即使同一个人，其声音也具有易变性，易受身体状况、年龄、情绪等的影响，比如不同的麦克风和信道对识别性能有影响；环境噪音对识别有干扰，在多人同时说话的情形下，人的声纹特征不易提取。

3. 人脸识别

人脸识别是基于人的脸部特征信息进行身份识别的一种生物识别技术。用摄像机或摄像头采集含有人脸的图像或视频流，并自动在图像中检测和跟踪人脸，进而对检测到的人脸进行脸部识别的一系列相关技术，通常也叫作人像识别、面部识别。

人脸识别系统主要包括四个组成部分，分别为人脸图像采集及检测、人脸图像预处理、人脸图像特征提取以及匹配与识别。

（1）人脸识别的优点

1）自然性。所谓自然性，是指该识别方式同人类（甚至其他生物）进行个体识别时所利用的生物特征相同。例如人类进行人脸识别，也是通过观察比较人脸来区分和确认身份的。另外，具有自然性的识别还有语音识别、体形识别等，而指纹识别、虹膜识别等都不具有自然性，因为人类或者其他生物并不通过此类生物特征区分个体。

2）不被被测个体察觉。不被察觉的特点对于一种识别方法也很重要，这会使该识别方法不令人反感，并且因为不容易引起人的注意而不容易被欺骗。人脸识别利用可见光获取人脸图像信息，如图4-6所示。指纹识别需要利用电子压力传感器采集指纹，虹膜识别利用红外线采集虹膜图像，这些特殊的采集方式很容易被人察觉，也有可能被伪装欺骗。

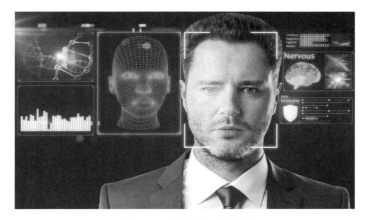

图 4-6 人脸识别示意图

（2）人脸识别的缺点

人脸识别被认为是生物特征识别领域甚至人工智能领域最困难的研究课题之一。人脸识别的困难主要是人脸作为生物特征的特点所带来的。

1）相似性。不同个体之间的区别不大，人脸的结构相似，甚至人脸器官的结构外形都相似。这样的特点对于利用人脸进行定位是有利的，但是对于利用人脸区分人类个体是不利的。

2）易变性。人脸的外形很不稳定，人可以通过脸部的变化产生很多表情，而在不同观察角度，人脸的视觉图像也相差很大（第一类变化）。另外，人脸识别还受光照条件（例如白天和夜晚，室内和室外等）、人脸的很多遮盖物（例如口罩、墨镜、头发、胡须等）、年龄等多方面因素的影响（第二类变化）。在人脸识别中，第一类变化应该放大脸部并作为区分个体的标准，第二类变化应该消除遮盖物，因为它们可以代表同一个个体。通常称第一类变化为类间变化（Inter-class Difference），而称第二类变化为类内变化（intra-class difference）。对于人脸识别，类内变化往往大于类间变化，从而使在受类内变化干扰的情况下利用类间变化区分个体变得异常困难。

4. 虹膜识别

人眼睛的外观图由巩膜、虹膜、瞳孔三部分构成，如图 4-7 所示。巩膜即眼球外围的白色部分；眼睛中心为瞳孔部分；虹膜位于巩膜和瞳孔之间，包含了最丰富的纹理信息。如图 4-7 所示，从外观上看，虹膜由许多腺窝、皱褶、色素斑等构成，是人体中最独特的结构之一。虹膜的形成由遗传基因决定，人体基因表达决定了虹膜的形态、生理、颜色和总的外观。人

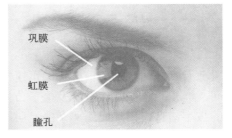

图 4-7 虹膜识别技术

发育到 8 个月左右，虹膜就基本上发育到了足够尺寸，进入了相对稳定的时期。除极少见的反常状况、身体或精神上大的创伤才可能造成虹膜外观上的改变外，虹膜形貌可以保持数十年没有多少变化。虹膜的高度独特性、稳定性及不可更改的特点，是虹膜可用作身份鉴别的物质基础。

（1）虹膜识别的优点

1）快捷方便。虹膜识别系统不需要识别对象携带任何证件，就能实现门控，可单向亦可双向。

2）授权灵活。虹膜识别系统可根据管理的需要任意调整用户权限，随时了解用户动态，包括客户身份、操作地点、时间及功能等，实现实时智能管理。

3）无法复制。虹膜识别系统以虹膜信息为密码，不可复制，且每一次识别行为都被自动记录，便于追溯、查询，非法情况则自动报警。

4）配置灵活多样。使用人和管理者可根据喜好或场合，设定不同的安装及运行方式。比如在大堂等公共场所，可以只采用输入密码的方式，但在重要场合，则禁止使用密码，只采用虹膜识别方式，当然也可以两种方式同时使用。

5）投入少、免维护。装配虹膜识别系统可以保留原来的设备，其机械运动件减少，且运动幅度小，设备的寿命更长；系统免维护，并可随时扩充、升级，无须重新购置设备。从长远来看，效益显著，并可使管理档次大大提高。

（2）虹膜识别的缺点

1）当前的虹膜识别系统只是用统计学原理进行小规模的试验，而没有进行过现实世界的唯一性认证的试验。

2）很难将图像获取设备的尺寸小型化。

3）聚焦摄像头成本高。

4）镜头可能产生图像畸变而使可靠性降低。

5）需要较好光源。

在包括指纹在内的所有生物识别技术中，虹膜识别是当前应用最为方便和精确的一种。虹膜识别技术被广泛认为是 21 世纪最具有发展前途的生物认证技术，未来的安防、国防、电子商务等领域的应用，也必然会以虹膜识别技术为重点。这种趋势已经逐渐显现出来，市场应用前景非常广阔。

 提示 视网膜识别与虹膜识别都不需要与检测设备接触，不会污损成像装置，影响其他人的识别。视网膜采集设备相对于虹膜采集设备价格低，视网膜是利用激光照射眼睛，进而获得图像，但长时间的激光照射对身体健康有影响。

4.2 数字身份认证

随着互联网技术和信息化的迅速发展，出现了各种数字信息应用，如电子商务、网络资源访问、电子政务、邮件系统及电子公告栏等。整个网络信息系统行为大致可分为二层，针对用户的数字信息应用都属于典型的上层网络服务，上层网络服务技术不需要用户过多地参与，用户只需要轻轻单击鼠标，即刻就能享受其中的服务。而下层网络则需要参与者掌握计算机网络、通信协议等专业技术知识。上层网络服务的正常运行，需要有扎实的底层服务技术基础。数字身份认证作为支撑申请上层网络服务访问的第一步，也就成为从事信息活动实体间进行信息安全交互的重要基础之一。图 4-8 为通用网络信息系统中的数字认证模型。

图 4-8 中，用户申请服务资源，首先通过通信信道将数字证书传到认证模块，认证模块作为认证的中间人，担负起认证的重要责任，它同时被用户与信息服务资源方所信任。但用户与信息服务资源方不存在信任关系，整个过程中，数字证书始终在整个通信信道中进行流通，贯穿整个网络信息认证体系。因此数字身份认证的工作过程就相当于是数字证书运转的过程。

通过本书第 2 章的学习，我们知道数字证书在互联网通信中包含通信各方身份信息的一系列数据，它提供了一种在 Internet 上验证身份的方式，数字证书就像身份证、护照、驾照等。可以说，它是网上虚拟世界的护照或实体身份证明。数字证书是由具有权威性、可信性和公正性的第三方 PKI/CA 认证机构所签发的具有权威性的电子文档。就像身份证把持证人和其个人信息（姓名、国籍、出生日期和地点、照片）捆绑在一起，数字证书把证书持有者与生成的公钥绑定在一起，可以证明持有者与公钥的关系。所以，数字证书是一个经 CA 数字签名的包含公开密钥所有者信息以及公开密钥的文件。最简单的证书包含一个公开密钥、名称以及 CA 的数字签名。

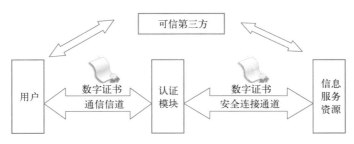

图 4-8 通用网络信息系统中的数字认证模型

4.2.1 PKI 数字证书的特点

1. 数字证书是 PKI 的核心工具

PKI 的核心执行机构是 CA，CA 所签发的数字证书是 PKI 的核心组成部分，而且是 PKI 最基本的、核心的活动工具，是 PKI 的应用主体。它完成 PKI 所提供的全部安全服务功能，其中包括系统级服务，如认证、数据完整性、数据保密性和不可否认性；完成系统辅助功能，如数据公正（即审计功能）和时间戳服务。可以说，PKI 的一切活动都是围绕数字证书的运用进行的，所以，它是 PKI 的核心元素。

2. PKI 数字证书具备权威性

数字证书虽然只是一个大约几千字节空间大小的电子文档，但它是网上交易、传输业务的身份证明，用于证明某个应用环境中某一主体（人或机器）的身份及其公开密钥的合法性。要想使数字证书获得这种可信赖和权威性，就必须有一个权威机构作为认证的第三方来颁发证书。CA 为电子商务环境中的各个实体颁发数字证书，以证明各实体身份的真实性，并负责在交易中检验和管理证书，比如中国金融 CA（CFCA）是由中国人民银行牵头组建，由国内 12 家商业银行（工、农、中、建、交、中信、光大、华夏、招商、广发、深发、民生）联合共建的中国金融认证中心。

3. PKI 数字证书——网上身份证

在现实世界中，一个人的身份是靠公安局所签发的身份证或外交部所颁发的护照来证明的。而在虚拟的网络世界中，网络实体互不见面，网上的身份认证即身份的识别与鉴别，就是靠证书机制。因为数字证书的主要内容包含证书持有者的真实姓名、身份唯一标识 ID 和该实体的公钥信息，所以实体在网上的真实身份靠 CA 签发的数字证书来证明。因为该证书公钥（对每个实体是唯一的）能与其真实姓名绑定，对数字证书内容，特别是数字证书的公钥或姓名、ID 的任何改动，在验证证书时都被系统视为无效，所以，数字证书是不会被伪造的，数字证书是各种实体在网络上的真实身份证明，如图 4-9 所示。

4. PKI 数字证书担保公钥的真实性

PKI 主要是靠公钥算法的加/解密运算完成 PKI 服务的,公钥算法的私钥需要严格保密,而公钥要便于公布。为了保证公钥的真实性,就需要 LDAP 目录服务器,即将 CA 签发的包含用户公钥的数字证书发布在 LDAP 目录服务器上,供需要进行通信的证书发送方获取。因此可以说数字证书是公钥在互联网上的载体,而其物理载体一般是 USB Key,如图 4-10 所示。

图 4-9　身份证与数字证书的比较

产品	产品实物图
二代U盾 (LCD型)	
二代U盾 (OLED型)	

图 4-10　工商银行推出的 UDB Key

5. PKI 数字证书是符合标准的电子证书

PKI 的数字证书也称电子证书,简称证书,它符合 RFC2459、ISO/IEC/ITU X.509 V3 标准。我国的国家标准为 GB/T 20518—2018《信息技术安全技术　公钥基础设施　数字证书格式》。该标准规定数字证书的基本结构,并对数字证书中的各数据项内容进行描述,规定了标准的证书扩展域,并对每个扩展域的结构进行定义,特别是增加一些专门面向应用的扩展项,在应用中应按照本标准的规定使用这些扩展项。该标准还对证书中支持的签名算法、密码杂凑函数、公开密钥算法进行了描述。

 提示　数字证书在该证书的持有者及其身份所拥有的公/私钥对之间建立了一种联系。

4.2.2　PKI 数字证书的分类

PKI 数字证书按其应用角度、应用安全等级和证书持有者实体角色可分为不同种类。

1. 应用角度证书

基于数字证书的应用角度分类,数字证书可以分为以下几种。

(1) 服务器证书

服务器证书被安装于服务器设备上,用来证明服务器的身份和进行通信加密。服务器证书可以用来防止假冒站点。

在服务器上安装服务器证书后,客户端浏览器可以与服务器证书建立 SSL 连接,在 SSL 连接上传输的任何数据都会被加密。同时,浏览器会自动验证服务器证书是否有效,验证所访问的站点是否是假冒站点。服务器证书保护的站点多被用来进行密码登录、订单处理、网上银行交易等。全球知名的服务器证书品牌有 Globlesign、Verisign、Thawte、Geotrust 等。

（2）电子邮件证书

电子邮件证书可以用来证明电子邮件发件人的真实性，它只证明邮件地址的真实性，不能像数字证书的 CN 项一样证明所标识的证书所有者姓名的真实性。当收到具有有效电子签名的电子邮件时，除了能相信邮件确实由指定邮箱发出外，还可以确信该邮件从被发出后没有被篡改过。另外，使用接收的邮件证书，还可以向接收方发送加密邮件。该加密邮件可以在非安全网络传输，只有正确的接收方才可能打开该邮件。

（3）客户端个人证书

客户端个人证书主要被用来进行身份验证和电子签名。安全的客户端个人证书被存储于专用的 USB Key 中。存储于 USB Key 中的证书不能被导出或复制，且个人使用时需要输入 USB Key 的保护密码。使用该证书需要获得物理其存储介质，且需要知道 USB Key 的保护密码，这也被称为双因子认证。这种认证手段是目前最安全的网络身份认证手段之一。USB Key 的形式有多种，如指纹、口令卡等。

2. 应用安全等级证书

（1）企业高级证书

一般用于 B2B 大额网上交易，如网上银行的对公业务、电子商务的 B2B 业务，由于交易额较大，因此确保资金流的安全就特别重要。还有在电子商务、政务中的一些重大机密文件的发送和接收，都需要安全性较高的保障。用于此类应用的数字证书，一般称为企业高级证书，它的特点是需要专门利用一些标准扩展域的项，同时对安全应用软件（又称安全应用控件）、安全代理软件的要求较高，如双向认证和多次交易数字签名等。

（2）企业级一般证书

所谓企业级一般证书，其本质与企业高级证书没有差别，只是在安全代理软件和安全应用控件的安全处理机制上稍有不同，如交易双方进行一次或两次签名即可，但数字认证一般要求为双方认证。

（3）普通个人证书

一般用于网上银行 B2C 和电子商务的 B2C 小额交易支付业务，适用于电子政务中面向社会大众的网上办公业务。此类证书也是 X. 509 V3 版的标准证书，只不过可能在标准扩展域中使用某些项来限定个人的交易行为。同时，此类证书的安全代理软件一般为认证进行一次或两次数字签名，在数字认证方面，一般为单向认证。

3. 证书持有者实体角色证书

（1）CA 根证书

CA 根证书是一个 PKI 域的信任锚，它给下级运行 CA 签发证书。

（2）运行 CA 证书

运行 CA 证书是 PKI 核心机构运行 CA 的根证书，用以向其各类证书实体用户（证书持有者）签发证书。

（3）CA 管理者证书

CA 管理者证书是专为 CA 签发服务器管理员颁发的数字证书，用于对 CA 工作的管理，是专用个人证书。

（4）RA 管理员证书

RA 管理员证书由 CA 签发，用于 RA 专职管理员对 RA 服务器进行功能管理，审查申请证书人的资源，录入并复核申请信息，统计管理 RA 的证书发放或作废，并具备数字证书的介质制作等。

4.2.3 数字身份认证的工作原理

目前，PKI 数字证书广泛采用 X.509 标准格式。X.509 是由国际电信联盟电信标准化组织（ITU-T）制定的数字证书标准，为了提供公用网络用户目录信息服务，ITU 于 1988 年制定了 X.500 系列标准。其中，X.500 和 X.509 是安全认证系统的核心，X.500 定义了一种区别命名规则，以命名树来确保用户名称的唯一性；X.509 则为 X.500 用户名称提供了通信实体鉴别机制，并规定了实体鉴别过程中广泛适用的证书语法和数据接口。X.509 给出的鉴别框架是一种基于公开密钥体制的鉴别业务密钥管理。一个用户有两把密钥：一把是用户的私有密钥，另一把是其他用户都可得到和利用的公开密钥。用户可用常规加密算法（如 DES）为信息加密，然后再用接收者的公钥对 DES 加密后的信息进行再次加密并将之附于信息之上，这样接收者可用对应的专用密钥打开 DES 密锁，并对信息解密。该鉴别框架允许用户将其公开密钥存放在 CA 的目录项中。一个用户如果想与另一个用户交换秘密信息，就可以直接从对方的目录项中获得相应的公开密钥。

1976 年，Whitfield Diffie 和 Martin Hellman 提出了公开密钥理论，奠定了 PKI 体系的基础。PKI 在开放的 Internet 网络环境中提供数据加密及数字签名服务统一的技术框架，主要达到以下几个方面的应用。

1. 公开密钥完成对称加密系统的密钥交换，完成保密通信

公开密钥算法的速度比对称算法慢得多，并且由于任何人可以得到公钥，因此公钥加密/私钥解密不适用于数据的加密传输。为了实现数据的加密传输，公开密钥算法提供了安全的对称算法密钥交换机制，数据使用对称算法传输。两个用户（A 和 B）使用公开密钥理论进行密钥交换的过程如图 4-11 所示。

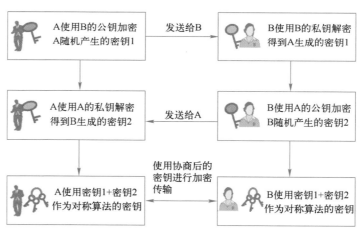

图 4-11 PKI 数字认证进行密钥交换

1）假设有两个用户 A、B，要进行安全通信，A 随机产生一个随机数作为密钥 1，然后用 B 公开的公钥进行加密，并将此密文传送至 B。

2）B 收到此加密数据后，先用只有 B 知道的私钥去解密此密文数据，得到密钥 1。

3）B 把密钥 1 保存好，然后随机产生出一个随机数作为密钥 2，并使用 A 方公开的公钥进行加密，并将此密文传送至 A。

4）A 收到此加密数据后，先用只有 A 知道的私钥去解密此密文数据，得到密钥 2。

5）A 把密钥 1 与密钥 2 合并，作为 A、B 双方通信的共享密钥。

6）B 把密钥 1 与密钥 2 合并，作为 A、B 双方通信的共享密钥。

2. 私钥加密，公钥解密完成双方的身份验证

公开密钥算法可以实现通信双方的身份验证。下面是一个简单的身份验证的例子（A 验证 B 的身份），如图 4-12 所示。

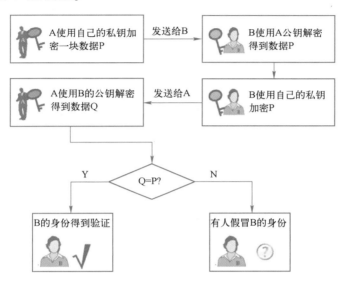

图 4-12　PKI 数字证书进行身份认证

假设现在有两个用户 A、B 需要进行通信，B 需要得到 A 的身份验证后，才能进行下一步的安全通信。

1）A 使用自己的私有密钥加密数据 P，并传送至 B。

2）B 收到此密文数据后，用发送方 A 的公开密钥进行解密，得到数据 P。

3）B 使用自己的私有密钥加密数据 P，并传至 A。

4）A 收到此密文数据后，采用 B 的公开密钥去解密，得到数据 Q。然后将 Q 与 P 进行比较，如果 Q 与 P 一致，表明 B 的身份得到验证，可以进行下一步的安全通信。如果 Q 与 P 不一致，表明当前 B 身份可疑。

3. 私钥加密，公钥解密实现数字签名，完成发送方身份确认

通过第 2 章的介绍可知，数字签名是建立在公钥加密基础上的，通过数字签名可以达到三个目的：签名者事后不可否认；接受者只能验证；任何人不能伪造。以下是一个简单的例子，如图 4-13 所示。

1）首先 A 用哈希算法求出明文信息段所对应的散列值 P，并使用自身的私钥去加密此散列值。

2）A 将明文信息段与上一阶段生成的加密后的散列值合并，并传送至 B。

3）B 收到此加密后的散列值与明文信息段后，先用哈希算法算出此明文对应的散列值 Q，并保存。再用发送方 A 的公钥去解密得到另一个散列值 P。

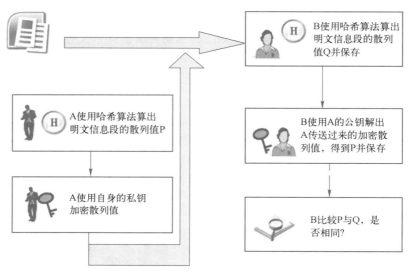

图 4-13　PKI 数字证书进行数字签名

4）接收方 B 比较 P 与 Q 的值是否相同，如果相同，表明此明文数据可信，没有被篡改。同时，发送方 A 的身份也得到认定，并且在整个过程中，A 都不能抵赖曾经发送过此明文信息段。

4.2.4　PKI 数字认证生命周期

生命周期（Life Cycle）的概念应用很广泛，特别是在政治、经济、环境、社会等诸多领域经常出现，其基本含义可以通俗地理解为"从摇篮到坟墓"（Cradle-to-Grave）的整个过程。对于数字身份认证产品而言，就是从自然中来回到自然中去的全过程，简单来讲就是表示公钥密钥对和与之对应的证书的创建、颁发和撤销的全过程。这个过程构成了一个完整的数字证书产品的生命周期。图 4-14 所示为数字证书的生命周期，一般主要包括 6 个阶段。

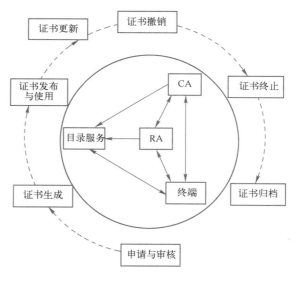

图 4-14　数字证书的生命周期

1. 证书申请与审核

证书申请实体：证书申请实体包括个人和具有独立法人资格的组织机构（包括行政机关、事业单位、企业单位、社会团体和人民团体等）。

注册机构依据身份鉴别规范对证书申请人的身份进行鉴别，并决定是否受理申请。

申请过程中，证书申请实体按照不同数字证书类别签发规则所规定的要求，填写证书申请表，并准备相关的身份证明材料，确保申请材料真实准确。而注册机构负责接收证书申请人的请求材料，当面对申请人所提供的证书申请信息与身份证明资料的一致性进行审核查验，如图 4-15 所示。

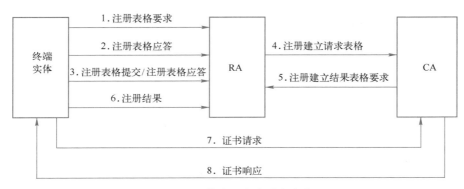

图 4-15　PKI 数字证书申请与审核过程

2. 证书生成

数字证书签别机构或授权的注册机构按照不同类别数字证书签发规则所规定的身份鉴别流程对申请人的身份进行识别与鉴别,根据鉴别结果决定批准或拒绝证书申请。如果证书申请人通过身份鉴别与鉴证,证书签发机构(CA)将批准证书申请,为证书申请人制作并颁发数字证书。通常,证书签发机构所签发的证书在 24 小时后才生效。反之,证书申请人未能通过身份鉴证,证书签发机构将拒绝申请人的证书申请,并通知申请人鉴证失败,同时向申请人提供失败的原因(法律禁止的除外)。被拒绝的证书申请人可以在准备正确的材料后,再次提出申请。

3. 证书发布与使用

(1)电子签发服务机构对证书的发布

证书签发机构在签发完证书后,就将证书发布到数据库和目录服务器中。证书签发机构采用主、从目录服务器结构来发布所签发证书。签发完成的数据直接写入主目录服务器中,然后通过主从映射,将主目录服务器的数据自动发布到从目录服务器中,供订户(证书申请实体)和依赖方(证书申请人)查询和下载。数字证书签发完成后,证书签发机构将数字证书及其密码信封当面或寄送给证书申请人,从获得数字证书起,证书申请人就被视为同意接受证书。

(2)密钥对和证书的使用

证书申请实体在提交了证书申请并接受了证书签发机构所签发的证书后,均被视为已经同意遵守与证书签发机构、依赖方(证书使用者)有关的权利和义务的条款。申请实体收到数字证书后,应妥善保存其证书对应的私钥。申请实体只能在指定的应用范围内使用私钥和证书,申请实体只有在接受了相关证书之后才能使用对应的私钥,并且在证书到期或被撤销之后,订户必须停止使用该证书对应的私钥。

(3)依赖方对公钥和证书的使用

依赖方只能在恰当的应用范围内依赖于证书,并且与证书要求相一致(如密钥用途扩展等)。依赖方获得对方的证书和公钥后,可以通过查看对方的证书了解对方的身份,并通过公钥验证对方电子签名的真实性。主要包括以下三个方面的内容。

1)用签发机构的证书验证证书中的签名,确认该证书是签发机构签发的,并且证书的内容没有被篡改。

2)检验证书的有效期,确认该证书在有效期之内。

3)查询证书状态,确认该证书没有被撤销。

在验证电子签名时，依赖方应准确知道什么数据已被签名。在公钥密码标准里，标准的签名信息格式被用来准确表示签名过的数据。

4. 证书与证书密钥更新

CA 的密钥和所有终端用户的密钥对都有一个最终的生命周期，当密钥对期满，就应当自动撤销旧密钥而使用新的密钥，这样做的原因是：密钥使用时间越长，私钥被泄密的可能性就越大。在私钥被泄密而用户未发觉的情况下，密钥使用得越久损失就越大。因此密钥是 PKI 系统安全的基础，为了保证安全，证书和密钥必须定期更新。

（1）证书更新方式

证书更新是指在不改变证书中申请实体的公钥或其他任何信息的情况下，为订户签发一张新证书。在证书上都有明确的证书有效期，表明该证书的起始日期与截止日期。申请实体应当在证书有效期到期前，到签发机构授权的注册机构申请更新证书。证书更新的具体情形如下。

1）证书的有效期将要到期。

2）密钥对的使用期将要到期。

3）因私钥泄露而撤销证书后，就需要进行证书更新。

4）其他。

（2）证书更新请求的处理

处理证书更新请求包括两种方式：一种方式是在线自动更新。对于证书信息无须改变的订户，在证书即将过期之前获得签发机构授权，自助进行在线证书更新操作，获得新证书。当申请实体对在线系统提示"证书更新已完成，新证书已颁发"进行确认时，就表示申请实体接受更新证书。另一种方式是人工方式更新。对于证书信息发生改变的订户，由注册机构来处理证书更新请求，为订户制作新的证书。当更新证书签发后，注册机构将证书及其密码信封当面或寄送给订户，就表示申请实体接受更新证书。签发机构在签发更新证书后，就将更新证书发布到数据库和目录服务器中以对外进行发布，如图 4-16 所示。

5. 证书撤销

在证书的有效期内，由于某些原因而致使该证书无效，CA 必须以某种形式在证书自然过期之前撤销它，并通知安全域内的所有实体获知这一情况而避免安全风险。

（1）发生下列情形之一的，订户应当申请撤销数字证书

1）数字证书私钥泄露。

2）数字证书中的信息发生重大变更。

3）认为本人不能实际履行数字证书相关业务规则。

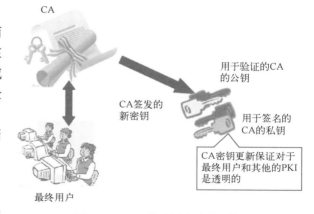

图 4-16　PKI 数字证书密钥更新

（2）发生下列情形之一的，签发机构可以撤销其签发的数字证书

1）申请实体申请撤销数字证书。

2）申请实体提供的信息不真实。

3）申请实体没有履行双方合同规定的义务。

4）数字证书的安全性得不到保证。

5）法律、行政法规规定的其他情形。

（3）撤销请求的流程

证书撤销请求的处理采用与原始证书签发相同的过程，如图 4-17 所示。

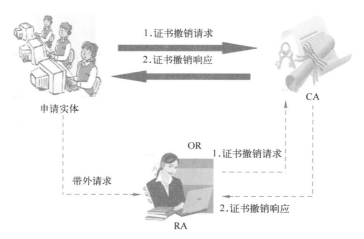

图 4-17　PKI 数字证书撤销方案

1）证书撤销申请人到签发机构授权的注册机构书面填写《证书撤销申请表》，并注明撤销原因。

2）签发机构授权的注册机构根据要求对申请实体提交的撤销请求进行审核。

3）签发机构撤销用户证书后，注册机构将当面通知申请实体证书被撤销，申请实体在 24 小时内进入 CRL，向外界公布。

4）强制撤销是指当签发机构或签发机构授权的注册机构在确认用户违反约定的情况发生时，对申请实体证书进行强制撤销。

（4）依赖方检查证书撤销的要求

在具体应用中，依赖方必须使用以下两种功能之一进行证书的状态查询。

1）CRL 查询：利用证书中标识的 CRL 地址，通过目录服务器提供的查询系统，查询并下载 CRL 到本地，进行证书状态的检验。

2）在线证书状态查询：服务系统接受证书状态查询请求，从目录服务器中查询证书的状态，查询结果经过签名后，返回给请求者。

6. 证书终止

证书终止是指当证书有效期满或证书撤销后，该证书的服务时间结束。证书终止包含以下两种情况。

1）证书有效期满，申请实体不再延长证书使用期或者不再重新申请证书时，申请实体可以终止证书订购。

2）在证书有效期内，证书被撤销后，即证书订购结束。

7. 证书归档

PKI 系统的数字证书失效或者撤销后应该归档，以满足依赖方对过去信息的阅读和验证要求。PKI 系统所产生过的数字证书的总量会远远大于当前有效的数字证书的总量。如果把 CA

所颁发的数字证书看作一个集合，则集合中元素的个数为该 CA 自建立以来所颁发的所有数字证书的个数。由于证书失效、证书更新、证书撤销以及新的证书签发，这个集合是不断膨胀的。证书的失效、更新和撤销（各种原因导致）形成的动态形式，造就了大量的无效证书。PKI 系统不能放弃或者试图"忘记"这些已经失效的数字证书，反而必须存储和"记住"这些已经失效的数字证书，这也就是证书的归档。

PKI 系统希望提供有延续性的验证服务，则必须通过归档来做到。如果数字证书或者 CRL在被更替后没有进行合适的归档处理，那么 PKI 系统就可能无法对过去的一些签名提供验证服务。

4.3 数字身份认证关键技术

4.3.1 安全套接字层

安全对于 Web 应用非常重要，无论金融、商业领域的交流还是个人信息的交流，人们都希望能够知道自己是在和谁交流，这就是所谓的验证。人们也希望对方收到的就是自己所寄出的，这就是所谓的完整性。另外，人们还希望这样的信息即使被别人截获，也无法被破译，这就是所谓的机密。众所周知，超文本传输协议（HTTP）以明文传输信息，这样很容易造成信息泄露或遭受攻击，特别是在电子商务领域。为了个人或金融信息的安全传输，NETSCAPE 公司开发了安全套接字层（Secure Sockets Layer，SSL）协议来管理信息的加密，用以保障在 Internet 上数据传输的安全。SSL 的实现主要是基于 B/S（Browser/Server，浏览器/服务器）架构的应用系统。以下将从安全原理和应用流程两个方面对 SSL 身份认证、信息机密性、信息抗抵赖性的实现原理进行描述。

1. B/S 架构系统安全原理

（1）身份认证和访问控制实现原理

目前，SSL 技术已被大部分的 Web 服务器及浏览器广泛支持和使用。采用 SSL 技术，在用户使用浏览器访问 Web 服务器时，会在客户端和服务器之间建立安全的 SSL 通道。在 SSL会话产生的过程：首先，服务器会传送它的服务器证书，客户端会自动地分析服务器证书，来验证服务器的身份。其次，服务器会要求用户出示客户端证书（即用户证书），服务器完成客户端证书的验证，来对用户进行身份认证。对客户端证书的验证包括验证客户端证书是否由服务器信任的证书颁发机构颁发、客户端证书是否在有效期内、客户端证书是否有效（即是否没有被篡改等）和客户端证书是否被撤销等。验证通过后，服务器会解析客户端证书，获取用户信息，并根据用户信息查询访问控制列表来决定是否授权访问。上述所有的过程会在几秒钟内自动完成，对用户是透明的。

图 4-18 所示为基于 SSL 的身份认证和访问控制的实现原理示意图，主要包含以下几个模块。

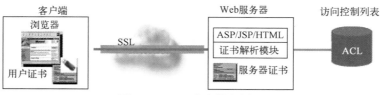

图 4-18　SSL 安全服务原理

1）Web 服务器证书。利用 SSL 技术，在 Web 服务器上安装一个 Web 服务器证书，用来表明服务器的身份，并对 Web 服务器的安全性进行设置，使其具备 SSL 功能。服务器证书由 CA 颁发，在服务器证书内包含了服务器的域名等证明服务器身份的信息、Web 服务器端的公钥以及 CA 对证书相关域内容的数字签名。服务器证书都有有效期，Web 服务器具备 SSL 功能的前提是必须拥有服务器证书，利用服务器证书来协商、建立安全的 SSL 通道。这样，在用户使用浏览器访问 Web 服务器并发出 SSL 握手时，Web 服务器将配置的服务器证书返回给客户端，通过验证服务器证书来验证他所访问的网站是否真实可靠。

2）用户证书。用户证书由 CA 颁发给企业级用户，在用户证书内标识了用户的身份信息、用户的公钥以及 CA 对证书相关域内容的数字签名。用户证书也都有有效期。在建立 SSL 通道过程中，可以将服务器的 SSL 功能配置成要求的用户证书，服务器通过验证用户证书来验证用户的真实身份。

3）证书解析模块。证书解析模块以动态库的方式提供给各种 Web 服务器，它可以解析证书中包含的信息，用于提取证书中的用户信息，根据获得的用户信息，查询访问控制列表，获取用户的访问权限，实现系统的访问控制。

4）访问控制列表。访问控制列表是根据应用系统不同用户建设的访问授权列表，保存在数据库中，在用户使用数字证书访问应用系统时，应用系统根据从证书中解析得到的用户信息，查询访问控制列表，获取用户的访问权限，实现对用户的访问控制。

（2）信息机密性实现原理

信息机密性实现原理也是利用 SSL 技术来实现的，在用户使用浏览器访问 Web 服务器，完成双向身份认证，并完成对用户的访问控制之后，在客户端和服务器之间建立安全的 SSL 通道，会在用户浏览器和 Web 服务器之间协商一个 40 位或 128 位的会话密钥。此时，在客户端和服务器之间传输的数据都采用该会话密钥进行加密传输，从而保证了系统机密性安全需求。

（3）信息抗抵赖性实现原理

利用数字签名技术，可以对信息系统进行集成，用户在成功登录系统之后，系统已经完成对用户的身份认证和访问控制，用户可以访问请求的资源或页面，用户可以进行网上办公。此时，需要对用户在线提交的敏感数据（如财务数据、征收信息等）进行数字签名，防止用户对提交的数据进行抵赖。采用数字签名技术，在用户提交重要数据时，客户端采用用户证书的私钥对数据进行数字签名，然后将数据及其签名一起经过 SSL 通道发送给系统 Web 服务器。服务器接收到提交的信息，完成对签名的验证，将数据传输给后台处理，并将用户提交的数据及其签名保存到数据库中以便查询。

如图 4-19 所示，实现本方案的设计需求需要增加下列模块。

图 4-19　改良 SSL 安全服务

1）客户端数据签名模块。客户端数据签名模块以控件的方式提供。用户使用浏览器访问 Web 服务器时，该模块作为控件进行下载，注册安装在用户浏览器中。数据签名模块的功能是使用用户选择的客户端证书的私钥对客户端发送的数据进行数字签名,保证数据传输的完整性,防止客户端对发送的数据进行抵赖。

2)Web服务器签名验证模块。Web服务器签名验证模块以插件或动态库方式提供,安装在服务器端,实现对客户端数据签名的验证,对客户端数据签名证书的有效性验证。同时,将通过验证的数据传输给后台应用服务器,进行相关的业务处理,并将数据及其数字签名保存到数据库中。

2. SSL 完整应用流程

根据上述安全原理,基于 SSL 技术对 B/S 构架系统进行安全集成,系统安全架构如图 4-20 所示。

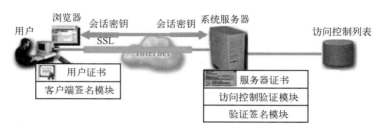

图 4-20 SSL 安全架构

系统安全集成的实现如下描述。

1)在 B/S 架构系统 Web 服务器上,配置服务器证书和 SSL 功能,用户必须使用安全连接方式(HTTPs 方式)访问,并要求用户证书,配置服务器的可信 CA 为根 CA,只有 CA 认证体系下的用户证书才能访问信息系统。

2)客户端(即用户使用的浏览器)必须从 CA 认证系统申请用户证书,才能进行信息系统登录。申请的用户证书代表了用户的身份,登录时必须提交用户证书;在用户向信息系统提交敏感数据(如财务数据、征收)时,必须使用该用户证书的私钥进行数字签名;为了实现用户的移动办公,保证用户证书及其私钥的安全,采用 USB Key 来保存用户的证书和私钥。

3)访问控制验证模块,作为服务器的功能插件安装在信息系统服务器上,解析用户证书,获取用户信息,根据用户信息查询信息系统配置的访问控制列表,获取用户的访问权限,实现系统的访问控制。

4)客户端签名模块,配置在需要保证数据安全的 Web 页面上,随 Web 页面下载并注册,它使用用户证书的私钥对提交的表单数据进行数字签名。

5)验证签名模块,以插件的方式提供给信息系统服务器,实现对用户提交的数字签名的验证。

6)客户端和系统服务器之间的所有数据通信都是通过 SSL 安全通道并以会话密钥的方式进行加密传输的。

(1)应用系统身份认证流程

B/S 架构系统集成安全功能之后,用户登录信息系统的流程如图 4-21 所示。

1)用户在计算机中插入保存有用户证书的 USB Key,采用 HTTPs 方式访问信息系统,进行系统登录。

2)信息系统 Web 服务器发出回应,并出示服务器证书,显示 Web 服务器的真实身份。同时,要求用户提交用户证书。

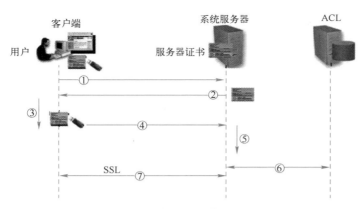

图 4-21　B/S 架构用户身份认证流程

3）用户浏览器自动验证服务器证书，验证登录信息系统的真实性。

4）用户选择保存在 USB Key 上的用户证书，进行提交。

5）信息系统 Web 服务器验证用户提交的用户证书，判断用户的真实身份。

6）用户身份验证通过后，Web 服务器解析用户证书，获得用户信息，根据用户信息查询信息系统的访问控制列表，获取用户的访问授权。

7）获得用户的访问权限后，在用户浏览器和信息系统服务器之间建立 SSL 连接，用户可以访问到请求的资源，身份认证和访问控制流程结束，用户成功登录信息系统。

（2）应用系统签名流程

B/S 结构的系统集成安全功能后，用户通过签名功能，对系统中上传和下放的文件进行签名，进一步提高系统的安全性，其流程如图 4-22 所示。

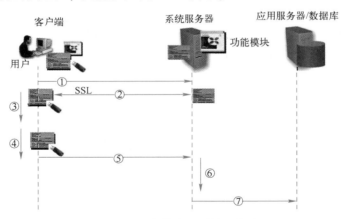

图 4-22　B/S 架构应用系统签名流程

1）用户在计算机中插入保存有用户证书的 USB Key，使用浏览器访问系统，进行系统登录。

2）系统对用户完成身份认证和访问控制流程，在用户浏览器和系统服务器之间建立 SSL 安全通道。

3）用户访问请求的资源，进入到信息发布、公文流转、网上申报和财务数据上传等操作的网页，和网页一起将客户端签名模块下载并注册到浏览器中。用户填写办公数据（表单或文件），向系统服务器提交。

4）浏览器客户端签名模块对提交的办公数据进行数字签名。浏览器会弹出提示，提示用户是否对提交的数据进行数字签名，并显示浏览器中的证书，供用户选择。

5）用户选择自己的证书，单击"签名"，客户端签名模块利用用户选择证书的私钥对提交的信息进行数字签名操作，并将提交的信息及其签名一起发送给系统服务器。

6）系统服务器接收到用户提交的信息后，服务器调用签名验证模块来验证用户提交数据的数字签名。

7）验证通过，将用户提交的办公数据及其签名一起保存到数据库中，并进行后续的业务操作。

4.3.2 电子签章技术

在传统商务活动中，为了保证交易的安全与真实，一份书面合同或公文要由当事人或其负责人签字、盖章，以便让交易双方识别是谁签的合同，保证签字或盖章的人认可合同的内容，使其具有法律效力。在电子商务的虚拟世界中，合同或文件是以电子文件的形式表现和传递的。在电子文件上，传统的手写签名和盖章是无法进行的，这就必须依靠电子签章技术来实现。能够在电子文件中识别双方交易的真实身份，保证交易的安全性和真实性以及不可抵赖性，起到与手写签名或盖章同等签名作用的电子技术手段，称之为电子签章。它包括数字证书和电子印章两类，共同存储于 USB Key 中，如图 4-23 所示。数字证书是用来验证用户身份的，是个人或企业在互联网上的身份标识，由权威公正的第三方机构签发，确保网上传递信息的机密性、完整性，以及交易实体身份的真实性，签名信息的不可否认性，从而保障网络应用的安全。电子印章是运用印章图像，将电子签章的操作转化为与纸质文件盖章操作相同的可视效果。用户用电子签章对申请书进行签章操作时，可以看到电子版申请书上会显示红色的图章图像，电子印章同纸质的盖章效果一样。

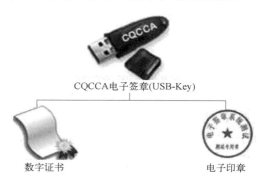

图 4-23　电子签章的组成

《中华人民共和国电子签名法》明确规定："可靠的电子签名与手写签名或者盖章具有同等的法律效力"。

企业用户施加电子签章的认证申请书（经过数字证书签名加密后）与盖章的纸质申请书具有同等的法律效力，如图 4-24 所示。

图 4-24　电子签名与手写签名有同等法律效力

1. 电子签章系统通用框架结构

图 4-25 为电子签章系统构架，其主要组成部分如下。

印章制作管理系统：将印章图形文件通过该系统进行校色、截取、加密等操作，最终形成完美的电子印章，同时可以存储在 USB Key 中，保管 USB Key 的办法和形式形同保管物理印章。

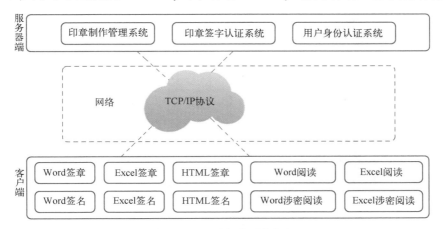

图 4-25　电子签章系统框架

印章签字认证系统：电子公文接收方可以通过该系统对所收到的文件进行印章或签字的认证，以确保印章或签字的有效性和严密性。同时该系统也是电子签章系统中所有客户端电子签章系列软件共享的认证服务器，以保证系统结构的简便性和易维护性。

用户身份认证系统：通过一一对应关系，在应用服务器上利用应用系统的身份认证体系建立印章盖章或手写签字权限，以辨别签署者身份的真伪、确保签署者身份的不可抵赖性。

客户端电子签章系列软件：在 USB Key 控制下，使相应权限持有者可以对当前的文件进行盖章或批阅签名。该系统不仅支持 Word、Excel 及 HTML 文档的电子签章，同时还可以将其他格式公文进行 Word 转换后签章。这样就提供了丰富的格式支持，完全可以适应用户的各种办公环境需求。

客户端公文阅读系列软件：对于只需要阅读文件的客户要求，公文阅读系列软件可以实现不需要安装电子签章系统就可以阅读、打印电子签章公文的功能，很好地适应了少数人起草、签章公文，大多数人阅读、转发公文的实际需求。

2. 电子签章工作原理

目前最成熟的电子签章技术就是数字签章（digital signature），它是以公钥及密钥的非对称型密码技术制作的电子签章。使用原理为：由计算机程序将密钥和需要传送的文件浓缩成信息摘要予以运算，得出数字签章，将数字签章并同原交易信息传送给交易对方，后者可用来查验该信息的传送者、在传送过程是否遭篡改，并防止对方抵赖。由于数字签章技术采用的是单向不可逆运算方式，要想对其破解，以目前的计算机速度几乎是不可能的。文件传输时是以乱码的形式显示的，他人无法阅读或篡改。因此，从某种意义上讲，使用电子文件和数字签章，甚至比使用经过签字盖章的书面文件安全得多。

电子印章技术以先进的数字技术模拟传统实物印章，其管理、使用方式符合实物印章的习惯和体验，加盖电子印章后的电子文件与加盖实物印章的纸张文件具有相同的外观、相同的有效性和相似的使用方式。可见，电子印章绝不是简单地在印章图像上加电子签名，关键在于其使用、管理方式是否符合实物印章的习惯和体验，加盖电子印章后的电子文件是否有与纸张文件相同的外观，使用方式与纸张文件有多大程度的相似性。图 4-26 所示为电子签章的流程图。

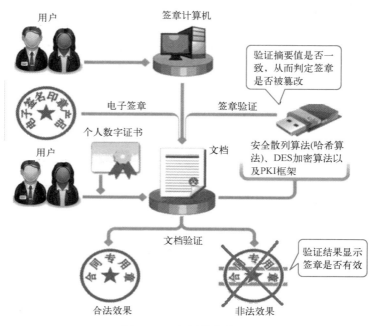

图 4-26　电子签章流程

1）用户签章的需求产生，用户希望电子印章以便在电子文档中使用。这时首先需要通过系统验证身份认证，用户是身份与加密设备或专用 USB Key 绑定的。经过身份认证可以辨别签署者身份的真伪、确保签署者身份的不可抵赖性。

2）一般生成的签章都保存在 USB Key 中，USB Key 也称为签章钥匙盘，可以随身携带，就像实物印章一样可以放在保险柜中。签章钥匙盘中保存的印章就像应用电子签名对正文数据进行保护一样，还要对印章进行保护，避免不法分子盗用后在非法的电子文件上显示合法的印章，从而混淆是非。因此签章也需要验证身份。

3）当用户接收网上传递过来的文档时，首先进行身份认证，需要用户提供数字证书。用户通过身份认证后，才能打开电子文档，同时，用户把包含在电子文档中的文件摘要值与用验证印章后得到的摘要值进行比对，如果一致，就相信印章真实性，反之，不相信。通过这种方法可以验证该文档的印章是否被盗用或篡改。

4）经过以上几步的验证，可以确保交易身份真实，防止不法者冒名交易；确认接收资料的正确性，防止不法者篡改交易资料内容；签章者无法否认交易内容；亦可通过相同技术对资料进行加密，确保机密资料不会外泄。

4.3.3　安全电子邮件技术

由于 E-Mail 方便快捷的特性，日常办公事务和对内对外的沟通主要通过电子邮件完成。电子邮件的安全需求是机密、完整、认证和不可否认，但由于种种原因，目前存在一些安全漏洞。基于 POP3 协议和 SMTP 的电子邮件系统在使用灵活的同时，也存在一些安全隐患：邮件内容和用户账号均以明文形式在网上传送，易遭到监听、截取或篡改；无法确定电子邮件的真正来源，也就是说，发信者的身份可能被人伪造。因此人们迫切需要一种技术对电子邮件系统采取有效的安全措施，这就引入了加密技术而 PKI 加密技术正好满足了此需求。

1. 安全电子邮件中的关键技术

PKI 作为一种安全基础设施，是当前网络安全建设的基础与核心。它有效地结合了公钥加密和对称加密机制，通过对密钥和证书的自动管理，为用户建立起一个安全可信的网络运行环境，为应用系统提供透明的身份认证、数字加密、数据签名等多种安全服务。图 4-27 和图 4-28 分别为加密电子邮件网络和加密电子邮件传输过程。

PKI 体系的基础是数字证书，CA 作为签发数字证书和证书管理的机构传播的实际上是一种信任关系，通过数字证书把证书的公钥与用

图 4-27　加密电子邮件网络

户的身份信息进行紧密绑定，从而实现证书持有者身份的确认和不可否认性，为确保信息在网络上传输的保密性和完整性提供了信任基础和安全保证。

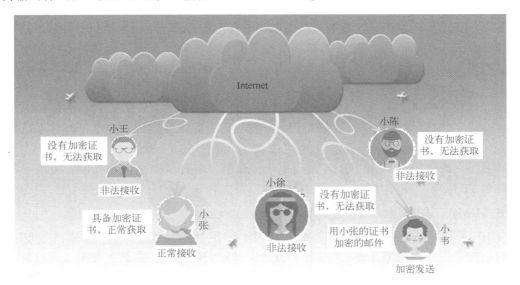

图 4-28　加密电子邮件传输过程

确保电子邮件安全传输的最基本的安全手段就是采用数据加密机制。由本书第 2 章密码学可知传统的对称加密手段虽然加密速度很快，但由于通信双方在加/解密时共享同一个密钥，因此在密钥交换过程中，如何在开放的网络环境下安全传输共享密钥就成为一个大问题。在大量用户通信时，用户密钥的管理也极为困难，根本无法满足网络环境下邮件加密的需要。

作为一个成熟的安全加密体系，必然要有一个成熟的密钥管理配套机制，而 PKI 体系所具备的特性，满足用户各方面的需求，它所提供的诸多安全服务都是建立在目前比较完善的公钥加密（也称非对称加密）体系基础之上。一般情况下，通信双方各自拥有一个私人密钥和公开密钥对，公钥对外公开，私钥自己保存。当发送方发送数据时，使用接收方的公钥对数据进行加密，而接收方接收时，则用自己的私钥进行解密，反之亦然。目前常用的 RSA 公钥体系的加密过程在数学理论上是一个不可逆的过程，在已知明文、密文和公钥的情况下，要想推

导出私钥，其计算是不可能实现的。依现在的计算机技术水平，破解目前采用的 1024 位 RSA 密钥需上千年的计算时间。所以说，即使恶意第三方截获了加密邮件，由于没有与加密公钥相对应的私钥，也就无法对邮件进行解密操作，这样也就解决了数据传输的保密性问题。

但是，由于公钥是公开的，恶意第三者可以通过一定的技术手段篡改公钥内容，用自己的公钥信息替换真正接收方的公钥信息，这样第三者就可以在截获邮件后，用自己的私钥对数据进行解密，甚至可以对邮件进行篡改后再转发给真正的接收方，这样，不仅数据的完整性不能得到保障，而且真正的接收者也无法确信邮件的真实来源，真正的发送方甚至可以否认曾经发送过邮件，信息的完整性、身份认证和不可否认性问题由此产生。

PKI 体系所提供的数字签名服务就可以很好地解决这些问题。本书第 2 章谈到数字签名技术就是根据 MD5 等单向散列算法对原文产生一个能体现原文特征和文件签署人特征的 128 位"信息摘要"，然后发送方用自己的私钥对该信息摘要值进行加密，附加在原文之上，再用接收方的公钥对整个文件进行加密。接收方收到密文后，用自己的私钥对密文进行解密，得到对方的原文和签名，再根据同样的哈希算法从原文中计算出信息摘要，然后与用对方公钥解密所得到的签名进行比较，如果数据在传输和处理过程中被篡改，接收方就不会收到正确的数字签名；如果完全一致，就表明数据未遭篡改，信息是完整的。任何人都可以通过使用他人的公钥来确认签名的正确性。由于数字签名只能由私钥的真正拥有者来生成，密钥分发和密钥管理的安全性也就得到了极大提高。CA 作为公正第三方的权威机构，还可以通过自己的数字签名进行公证，使发送者无法抵赖对发送信息的签名，从而实现数据源的身份认证和数据的不可否认。

目前，应用于邮件加密中的安全电子邮件协议是 S/MIME（The Secure Multipurpose Internet Mail Extension），其系统大部分都是基于 PKI 开发的，依据该标准设计的电子邮件系统基本上满足了身份验证、数据保密性、数据完整性和不可抵赖性等安全要求。S/MIME 是一个允许发送加密和有签名邮件的协议，由 RSA 公司提出，是电子邮件的安全传输标准，可用于发送安全报史的 IETF 标准。目前大多数电子邮件产品都包含对 S/MIME 的内部支持。

2. S/MIME 工作原理

S/MIME 采用了一个层次式的认证系统，如图 4-29 所示，整个信任关系基本呈树状，信任源只有一个：一个像国家计委 CA 这样的被大家共同信任的第三方权威机构，通过发布证书来保证公钥属于申请这个证书的人。S/MIME 采用 PKI 数字签名技术支持消息和附件的签名，无须收发双方共享相同密钥，同时采用单向散列算法，如 SHA-1、MD5 等以及公钥机制的加密体系进行加密邮件。

S/MIME 委员会采用 PKI 技术标准来实现 S/MIME，并适当扩展了 PKI 的功能。其工作流程如下。

1）发送方通过客户端软件（如专业收发邮件的软件 Outlook Express、Foxmail 等）编写电子邮件。

S/MIME		
SMTP	HTTP	……
TCP		
IP		

图 4-29 S/MIME 在 TCP/IP 协议栈中所处的层次

2）提交电子邮件时，根据指定的公钥和私钥对（接收方的公钥和发送方的私钥）加密邮件内容并签名，这样就需要两种功能模块，即签名和加密模块。签名一个电子邮件意味着，发送方将自己的数字证书附加在电子邮件中，接收方就可以确定发送方是谁。签名提供了验证功能，但是无法保护信息内容的隐私，第三方有可能看到其中的内容。而加密邮件意味着只有指定的收信人才能够看到信件的内容。因此，为了发送签名邮件，用户必须有自己的数字证书，为了加密邮件，用户必须有收信人的数字证书。

3）消息通过中间节点，而外界无法查看、篡改和变动数字签名。

4）接收方收到电子邮件，客户端自动检查数字签名的合法性，然后应用私钥解密邮件。

S/MIME 邮件加密过程也需要审计，必须对数字证书库的管理权限进行很好的控制。

4.4 项目 6 电子邮件使用 SSL

4.4.1 任务 1 电子邮件系统服务器端配置

实训目的：让学生掌握电子邮件系统服务配置的流程与要求。

实训环境：装有 Windows 7 x64 及以上操作系统的计算机。

项目内容

1）在百度浏览器中搜索"hmailserver"，如访问 hmailserver 官网，网址为 www.hmailserver.com。下载电子邮件系统服务器端软件 hMailServer-5.6.7-B2425。

2）默认安装 hmailserver 并启动，选中服务器"localhost"后单击"Connect"按钮，如图 4-30 所示。输入服务器端管理员密码 qwer4321 后单击"Ok"按钮。

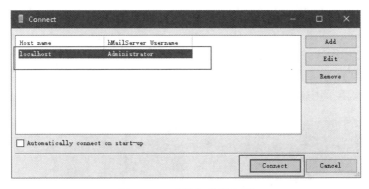

图 4-30 选择邮件服务器

3）进入主界面，在左侧选择"Domains"，单击"Add"按钮，在"Domains"文本框中输入"test.com"，选中"Enable"复选框，单击"Save"按钮，如图 4-31 所示。

图 4-31 创建邮件域

4）进入邮件用户界面，在左侧选择"test. com"下的"Accounts"，单击"Add"按钮，在"Address"文本框中输入"test"，在"Password"文本框中输入"123456"，单击"Save"按钮，如图4-32所示。

图4-32 添加账户信息

5）在百度浏览器中搜索"stunnel"，如访问stunnel官网，网址为www. stunnel. org。下载电子邮件系统服务器端软件SSL加密的软件stunnel-5. 59-win64-installer。

6）默认安装stunnel软件，将安装路径复制好，如C:\Program Files（x86）\stunnel。在安装过程中默认会弹出软件基本信息设置界面，Country Name输入"CN"，State or Province Name和Locality Name输入"CQ"，Organization Name、Organizational Unit Name和Common Name输入"test"，如图4-33所示。安装完成后进入该目录，打开config子目录，用记事本工具或者其他文本工具打开文件stunnel. conf。确保图4-33中框起来的信息前没有分号或者其他注释符号。删除谷歌案例中的所有信息，保存配置文件后将其关闭，如图4-34所示。

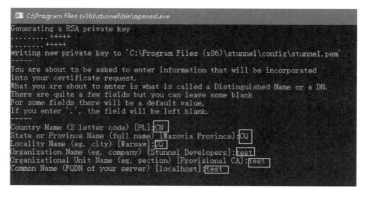

图4-33 基础信息设置

7）在"开始"菜单中选择"所有程序"→"stunnel GUI Start"，启动stunnel，如图4-35所示。启动stunnel软件后，在主界面选择"Configuration"→"Reload Configuration"菜单命令，重载stunnel配置，如图4-36所示。确认信息界面没有提示异常后进行下一步，否则重新执行步骤6）和7）。

图 4-34 SSL 案例配置

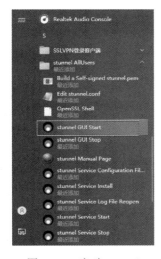

图 4-35 启动 stunnel

图 4-36 重载 stunnel 配置

4.4.2 任务 2 Outlook 中使用 SSL 收发电子邮件

实训目的：掌握在 Outlook 中使用 SSL 收发电子邮件。

实训环境：安装 Office 2013 及其以上版本的子项目 Outlook。

项目内容

1）打开 Outlook，选择 "文件" → "账户信息" 菜单命令，单击 "添加账户" 按钮后，在弹出的 "添加新账户" 对话框中，选择 "手动配置服务器设置或其他服务器类型" 单选按钮，单击 "下一步" 按钮进入 "选择服务" 界面，选择 "Internet 电子邮件" 单选按钮，单击 "下一步" 按钮，如图 4-37 所示。

2）进入 "Internet 电子邮件设置" 界面，设置姓名为 "test"，电子邮件地址为 "test@ test.com"，接收邮件服务器和发送邮件服务器为 "127.0.0.1"，用户名为 "test@ test.com"，密码为 "123456"，单击 "其他设置" 按钮，如图 4-38 所示。

3）进入 "Internet 电子邮件设置" 对话框，选择 "高级" 选项卡。设置接收服务器端口号为 "995"，选中 "此服务器要求加密连接（SSL）" 复选框，单击 "确定" 按钮。返回图 4-38

单击"下一步"按钮,在弹出的提示对话框中单击"是"按钮,如图 4-39 所示。弹出"测试账户设置"对话框,提示收发邮件测试成功单击"关闭"按钮,如图 4-40 所示。进入 Outlook 客户端用户界面后,可查看到测试邮件记录,如图 4-41 所示。

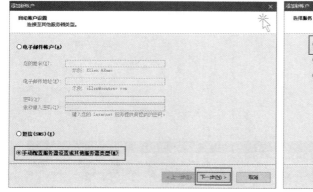

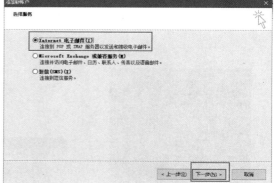

图 4-37　Outlook 账户添加预设置

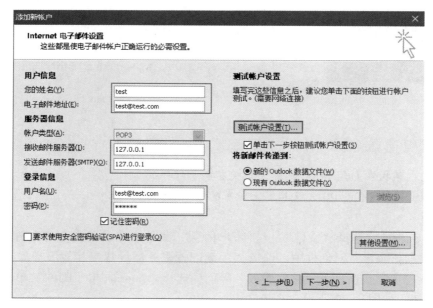

图 4-38　Internet 电子邮件配置

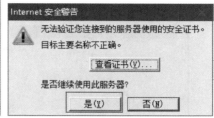

图 4-39 SSL 设置和确认

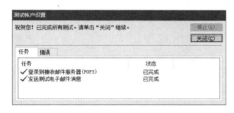

图 4-40 收发邮件自动测试提示

图 4-41 测试邮件记录

思考 如果邮件被篡改，安全加密邮件能否看到被修改后的信件内容?

4.5 项目 7 电子签章的制作与应用

4.5.1 任务 1 电子签章的制作

实训目的：了解电子签章的制作过程；掌握电子签章的使用过程；掌握了解电子签章的操作方法。

实训环境：

1）操作系统。支持 Windows 2000、Windows XP 及以上操作系统。

2）应用软件。需要安装的软件包括 Microsoft Office 2000 或以上版本，推荐 Office 2007。

3）硬件环境。主机要求主频 800 MHz 以上，内存 128 MB 以上；显卡的颜色配置需要设置为 24 位增强色或 32 位真彩色；扫描设备，公章或手写签名图案输入设备，如普通扫描仪；输出设备，彩色激光打印机或彩色喷墨打印机。

4）系统配置。安装 iSignature 电子签章软件。

项目内容

第一步：安装电子签章软件并生成签章图案

1）iSignature 电子签章软件安装完成后，单击"完成"按钮，

2）选择"开始"→"程序"→"iSignature 电子签章 V5"→"iSignature 图案生成"菜单命令，进入"电子印章生成器"对话框，如图 4-42 所示。按照自己的需要制作签章图案，并将图案保存下来。

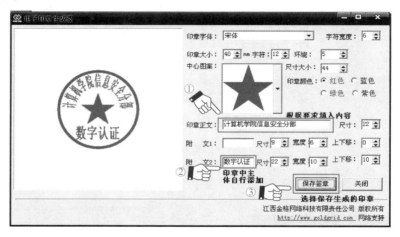

图 4-42　运用电子签章生成器生成签章图案

第二步：制作签章

1）运行 iSignature 签章制作，如图 4-43 所示，进入签章制作界面。

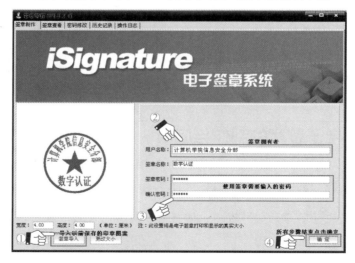

图 4-43　签章制作向导界面

2）单击"签章导入"按钮，软件将默认打开"演示样章图库"目录。

3）选择刚制作保存的签章图案进行，单击"打开"按钮，然后输入"用户名称""签章名称""签章密码""确认密码"。

4）单击"确定"按钮，出现"签章制作成功！"的提示信息。

5）单击"确定"按钮，完成签章制作，如图 4-44 所示。

图 4-44　生成电子签章

4.5.2　任务 2　电子签章的应用

项目内容

第一步：应用手写签名

1）打开 Word 应用软件，新建一份文件名为 lxmsignature.doc 的收款确认单。

2）利用电子签章软件对该文件内容进行电子签章和手写签名，电子签章沿用 4.5.1 节中的"计算机学院信息安全分部"。

3）在 lxmsignature.doc 文档中，将光标停留在需要签字的位置，单击"手写签名"按钮，将会弹出一个手写签名的窗口，如图 4-45 所示。

图 4-45　新建电子签名

4）打开手写笔的签名功能，进行签名。签名完成后，用户输入密码，单击"确定"按钮，签名就会显示在文档中，并移动到合适位置。

第二步：应用电子签章

1）将光标停留在需要签章的位置，单击"电子签章"按钮，将会弹出"电子签章"对话框，选择前面制作的"计算机学院信息安全分部"签章，然后输入密码，如图 4-46 所示。

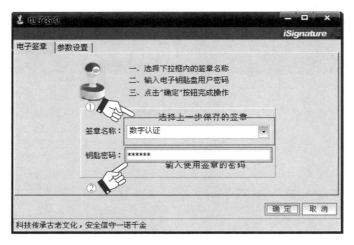

图 4-46　应用电子签章

2）单击"确定"按钮，在 Word 文档页面上就出现红色的电子印章，用鼠标将拖动到合适位置，如图 4-47 所示。

第三步：文档验证

1）在签章上单击鼠标右键，选择"文档验证"命令。

2）打开"文档验证"工具栏，如图 4-48 所示。

图 4-47　成功应用电子签章

图 4-48　验证电子签章正确性

3）当对文档不做任何修改时，会出现验证有误的文档验证信息，如图 4-49 所示。

4）当文档被改动时，在印章上单击鼠标右键，选择"文档验证"命令后，将看到印章被加上了两条线，并提示"检测结果：文档已被篡改"表示印章无效，如图 4-50 所示。

图 4-49 验证成功

图 4-50 验证不成功

第四步：锁定文档

如果文件已经签章，并且要求文件将不做任何修改，可以执行锁定文档功能，这样的文件将不能够再次盖章或修改。

1）右击并选择"文档锁定"命令后，将提示输入锁定密码。

2）输入完成后，单击"确定"按钮，那么文件就被锁定了。

3）解除锁定：选择快捷菜单里的"文档解锁"命令，如图 4-52 所示，输入解锁密码后，即可以解除保护，如图 4-51 所示。

图 4-51 文档锁定和文档解锁

4.6 项目8 用phpStudy安装SSL证书实现HTTPS访问

实训目的：掌握SSL证书的制作过程；掌握HTTPS网页的配置过程。

实训环境：

1）操作系统。支持Windows 7、Windows Server 2008及以上操作系统。

2）应用软件。Windows版OpenSSL，推荐Windows 64 OpenSSL v1.1.1h Light；Windows版Notepad++，推荐Notepad++ 7.8.8 release；Windows版phpStudy，推荐phpStudy 2016。

3）硬件环境。主机要求主频2.0 GHz以上，内存512 MB以上。

项目内容

1）安装Windows版OpenSSL。安装路径可以根据实际情况选取，但需要记录好，为系统变量路径的配置做准备。图4-52所示为选择OpenSSL安装路径的界面。

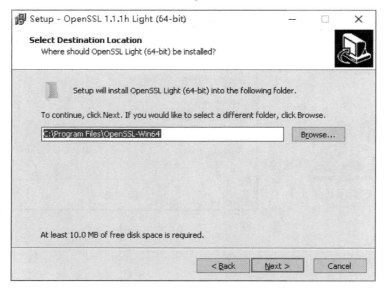

图4-52 选择OpenSSL安装路径

2）找到OpenSSL软件安装目录下的bin文件夹，确认存在openssl.exe文件，复制该文件的路径，如图4-53所示。

3）配置OpenSSL系统变量路径。在"此电脑"图标上单击鼠标右键，选择"属性"命令。在"系统"窗口中选择"高级系统设置"，弹出"系统属性"对话框，在"高级"选项卡中单击"环境变量"按钮。在"环境变量"对话框中的"系统变量"列表框中选择"Path"变量，单击"新建"按钮，如图4-54。在"编辑环境变量"对话框中，输入OpenSSL软件安装路径下的bin文件夹路径，单击"确定"按钮，如图4-55所示。

4）以管理员方式运行cmd或者powershell，输入"openssl"，进入OpenSSL软件运行状态"OpenSSL>"。输入"req -newkey rsa:2048 -nodes -keyout d:\test.key -x509 -days 365 -out d:\test.cer"，按〈Enter〉键。其中，"d:\test.key"是密钥文件的输出路径，"d:\test.cer"是证书文件的输出路径。在证书制作中会提示输入一些证书的属性信息，如国家名称、省份等，根据实际需要输入即可。输入属性信息时保持英文输入状态，避免输入中文导致乱码，如图4-56~图4-57所示。

图 4-53　复制 bin 文件夹路径

图 4-54　查看系统变量

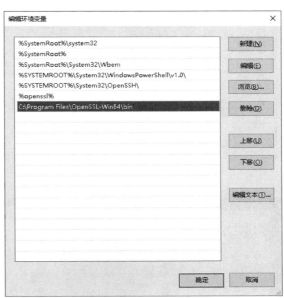

图 4-55　新建 OpenSSL 的路径

5）安装 Notepad++，为编辑各种配置文件做准备，保留默认设置安装即可。

6）安装 phpStudy，保留默认设置安装即可。安装过程中须记录安装路径，为配置环境做准备。

7）启动 phpStudy，开启 OpenSSL 设置。开启 Apache 的编译 SSL 模块，打开 phpStudy，单击"其他选项菜单"按钮，在弹出的下拉列表中选择"PHP 扩展及设置"→"PHP 扩展"→"php_openssl"，如图 4-58~图 4-59 所示。

8）配置 SSL 模块。单击"其他选项菜单"按钮，在弹出的下拉列表中选择"打开配置文件"→"httpd.conf"，如图 4-60 所示。打开 httpd-conf 配置文件，找到 #LoadModule ssl_ module modules/mod_ssl. so，去掉前面的注释符#，使得 SSL 模块生效。在 mod_ssl. so 下面新增一条引用语句。此处新建的文件名要和后面步骤的内容保持匹配，如图 4-61 所示。

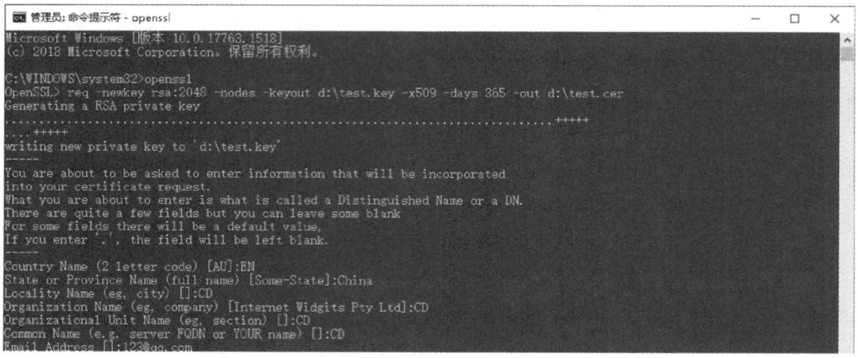

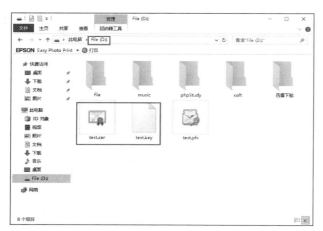

图 4-56　制作 SSL 证书和密钥

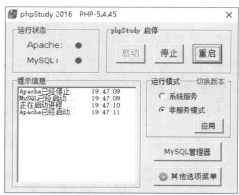

图 4-57　生成的 SSL 密钥和证书

图 4-58　启动状态的 phpStudy

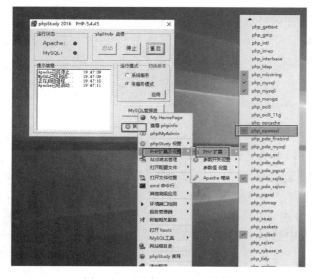

图 4-59　开启 OpenSSL 设置

图 4-60　打开 httpd-conf 文件

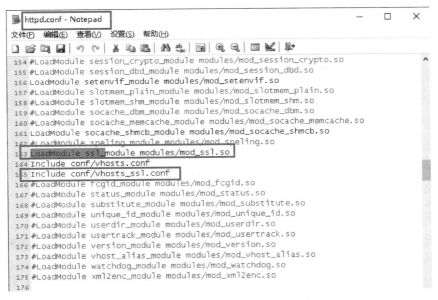

图 4-61　修改 httpd-conf 配置文件

9）配置 vhosts_ssl. conf。打开 phpStudy→Apache→conf 文件夹，创建一个名为 vhosts_ssl. conf 的配置文件，如图 4-62 所示。

图 4-62　新建 vhosts_ssl. conf 配置文件

10）编辑 vhosts_ssl. conf 文件，增加如下内容：

```
Listen 443
SSLStrictSNIVHostCheck off
SSLCipherSuite AESGCM:ALL:!DH:!EXPORT:!RC4:+HIGH:!MEDIUM:!LOW:!aNULL:!eNULL
SSLProtocol all -SSLv2 -SSLv3
<VirtualHost * :443>
    DocumentRoot "D:\phpStudy\WWW"
    ServerName 127.0.0.1
```

```
    ServerAlias 127.0.0.1
    <Directory "D:\phpStudy\WWW">
        Options FollowSymLinks ExecCGI
        AllowOverride All
        Order allow,deny
        Allow from all
        Require all granted
    </Directory>
SSLEngine on
SSLCertificateFile "D:\test.cer"
SSLCertificateKeyFile "D:\test.key"
</VirtualHost>
```

其中，"D:\phpStudy\WWW"表示phpStudy安装后的网页主目录；"127.0.0.1"表示服务器IP地址，此处为本机测试；"D:\test.cer"表示SSL证书所在路径；"D:\test.key"表示SSL密钥所在路径。

11）在phpStudy主界面上单击"重启"按钮，如图4-63所示。如果前面步骤中有配置错误，此处容易启动失败，因此需要检查前面的配置内容。

12）新建和编辑测试页面test.html。参考步骤10），打开WWW主目录，新建test.html文件。在该文件上单击鼠标右键，以notepad++方式打开。输入以下内容并保存，如图4-64所示。

图4-63　查看phpStudy主目录位置

```
<html>
<head>test https</head>
<body>
<h1>Test is ok.</h1>
</body>
</html>
```

图4-64　test.html文件所在路径

13）测试 HTTPS 链接。打开浏览器，在地址栏中输入"https://127.0.0.1/test.html"，显示"Test is ok."网页提示，如图 4-65 所示。

图 4-65　HTTPS 链接测试

4.7　巩固练习

一、选择题

1. 描述数字信息的接受方能够准确地验证发送方身份的技术术语是（　　）。

　　A. 加密　　　　　　B. 解密　　　　　　C. 对称加密　　　　D. 数字签名

2. 数字证书的内容不包括（　　）。

　　A. 证书序列号　　　B. 证书持有者的私钥　C. 版本信息　　　　D. 证书颁发者信息

3. CA 的主要作用是（　　）。

　　A. 加密数据　　　　B. 发放数字证书　　　C. 安全管理　　　　D. 解密数据

4. 数字签名解决了（　　）的问题。

　　A. 数据被泄露或篡改　　　　　　　　　　B. 身份确认

　　C. 未经授权擅自访问网络　　　　　　　　D. 病毒防范

5. 以下有关 X.509 数字证书的说法正确的是（　　）。

　　A. 每一个证书的序列号必须是唯一的

　　B. X.509 数字证书可以防止用户感染网络病毒

　　C. X.509 数字证书的有效期计时范围为 1900—2049

　　D. X.509 数字证书可以保证交易双方身份的真实性

6. 在电子商务活动中，身份验证的一个主要方法是通过认证机构发放的数字证书对交易各方进行验证。数字证书采用的是（　　）。

　　A. 公钥体制　　　　B. 私钥体制　　　　　C. 加密体制　　　　D. 解密体制

7. 数字证书中不包括（　　）。

　　A. 公开密钥　　　　　　　　　　　　　　B. 数字签名

　　C. 证书发行机构的名称　　　　　　　　　D. 证书的使用次数信息

8. 数字签名的作用是（　　）。

　　A. 确保加密的密文还原为明文

　　B. 个人签名

　　C. 相当于数字指纹

　　D. 确认签发者身份，保证信息的完整性、不可抵赖性

9. 在网上交易中，如果订单在传输过程中订货数量发生变化，则破坏了安全需求中的（ ）。

    A. 身份鉴别   B. 数据机密性   C. 数据完整性   D. 不可抵赖性

10. 数据（ ）服务可以保证接收方所接收的信息与发送方所发送的信息是完全一致的。

    A. 完整性   B. 加密   C. 访问控制   D. 认证技术

二、判断题

1. 数字证书又名数字凭证，它仅用电子手段来验证用户的身份。   （ ）
2. 基于公开密钥加密技术的数字证书是电子商务安全体系的核心。   （ ）
3. X. 509 证书中包括证书的使用次数选项。   （ ）
4. X. 509 证书中包括证书的版本信息。   （ ）
5. 数字证书可以分为三类：应用角度证书、安全等级证书和证书持有者实体角色证书。

    （ ）

三、简答题

1. 简述 PKI 数字证书中密钥更新与密钥恢复的区别。
2. 简述数字证书的定义及主要功能。

第5章 Kerberos 数字认证

本章导读:

本章主要介绍 Kerberos 网络认证协议的背景及发展过程,并详细分析 Kerberos 的工作原理;由于 Kerberos 的安装比较复杂,本章按照梯形结构进行分步阐述,最后针对 Kerberos 的局限性与改进技术进行分析。

学习目标:

- 了解 Kerberos 身份认证技术的特点、用途
- 掌握 Kerberos 认证技术的工作原理
- 熟练掌握 Kerberos 中主要配置文件 KDC 的配置方法
- 了解 Kerberos 的缺陷以及改进技术

素质目标: 通过学习 Kerberos 网络认证协议的工作原理,以及局限性与改进技术,能够树立底线意识的重要性,引导读者坚守牢固的思想底线。

5.1 基本概念与术语

5.1.1 Kerberos 的产生背景

随着开放式网络系统的飞速发展,比如银行结算系统等关系国计民生的大型网络系统已经普遍应用,认证用户身份和保证用户使用时的安全,正日益受到各方面的挑战。众所周知,在断开网络连接的个人计算机中,资源和个人信息可以通过物理保护来实现。在分时计算环境中,操作系统管理所有资源,并保护用户信息不被其他未授权的用户使用,这时操作系统需要认证每一个用户,以保证每个用户的权限,操作系统在用户登录时完成这项工作。在开放式网络系统中,用户需要从多台计算机得到服务,一般常用的主要有以下三种方法。

1)服务程序不进行认证工作,而由用户登录的计算机管理用户的认证来保证正确的访问。

2)收到服务请求时,对发来请求的主机进行认证,对每台认证过的主机的用户不进行认证。半开放系统可以采用这种方法,每个服务选择自己信任的计算机,在认证时检查主机地址来实现认证,这种方法应用于 rlogin 和 rsh 程序中。

3)对每一个服务请求,都要认证用户的身份。

在因特网飞速发展的今天,网络已经深入到人们日常生活中的方方面面,在开放式网络系统中,主机并不能控制登录它的每一个用户。

1. 开放式网络系统存在的威胁

1)用户可以访问特定的工作站并伪装成其他工作站用户。

2)用户可以改动工作站的网络地址,这样从改动过的工作站发出的请求就像是从伪装工作站发出的一样。

3）用户可以根据交换窃取信息，并使用重放攻击来进入服务器或破坏操作。

目前开放式系统已经成为主流，针对以上存在的几种威胁，对于开放式网络系统的认证有以下几种需求。

2. 开放式网络系统的安全需求

1）安全性：认证机制必须足够安全，不致成为攻击的薄弱环节。

2）可靠性：认证服务是其他服务的基础，它的可靠性决定整个系统的可靠性。

3）透明性：用户应该感受不到认证服务的存在。

4）可扩展性：当与不支持认证机制的系统通信时，应该保持现有功能不受影响。

对开放式网络系统的认证需求推动了 Kerberos 的产生。Kerberos 是 20 世纪 80 年代美国麻省理工学院（MIT）设计的一种基于对称算法密码体制的为网络通信提供可信第三方服务的面向开放系统的认证机制。Kerberos 这一名词来源于希腊神话"三个头的狗——地狱之门守护者"。MIT 之所以将该认证协议命名为 Kerberos，是因为他们计划通过认证、清算和审计三个方面来建立完善的安全认证机制。

Kerberos 的设计特点有以下几个方面。

1）安全性：网络中的窃听者不能获得必要的信息来假冒网络的用户。

2）可靠性：Kerberos 应该具有高度的可靠性，并采用一个系统支持另一个系统的分布式服务结构。

3）透明性：用户除了被要求输入密码外，不会觉察出认证的进行过程。

4）可扩展性：系统应能够支持更多的用户和服务器，具有较好的伸缩性。

Kerberos 的设计目的主要包括三类：认证、授权、记账。Kerberos 提供了可用于安全网络环境的认证机制和加密工具。该认证过程的实现不依赖于主机操作系统的认证，无需基于主机地址的信任，不要求网络上所有主机的物理安全，并假定网络上传送的数据报可以被任意地读取、修改和插入数据。为了减轻每个服务器的负担，Kerberos 把身份认证的任务集中在身份认证服务器上执行。它可以在不安全的网络环境中为用户对远程服务器的访问提供自动鉴别数据安全性和完整性服务，以及密钥管理服务。Kerberos 认证系统一直在 UNIX 系统中广泛应用，常用的有 2 个版本：第 4 版和第 5 版，其他的是内部版本。其中版本 5 更正了版本 4 的一些安全缺陷，并已发布为 Internet 提议标准（RFC1510）。

每当用户（client）申请得到某服务程序（server）的服务时，用户和服务程序会首先向 Kerberos 要求认证对方的身份，认证同时建立在用户和服务程序对 Kerberos 的信任的基础上。在申请认证时，client 和 server 都可看成是 Kerberos 认证服务的用户。为了和其他服务的用户区别，Kerberos 用户统称为 principle/client、principle/server，principal 既可以是用户也可以是某项服务。图 5-1 所示为认证双方与 Kerberos 的关系。

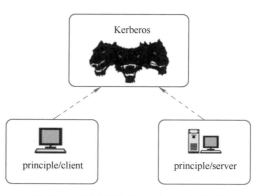

图 5-1　认证双方与 Kerberos 的关系

当用户登录到工作站时，向 Kerberos 发出对 server 服务器的服务申请，这时 Kerberos 对用户进行初始认证，通过认证的用户可在整个登录时间得到相应的服务。Kerberos 进行验证过程中，既不依赖用户登录的终端，也不依赖用户所请求的服务的安全机制，它本身提供了认证服务器来完成用户的认证工作。Kerberos 验证过程中很重视数据时效性，为了防止数据被篡改以及假冒，引入时间戳技术防止入侵者进行重放攻击。

Kerberos 将 principle 及密钥保存到数据库。私有密钥（private key）只被 Kerberos 和拥有它的 principle 知道，Kerberos 使用私有密钥可以创建消息使其中一个 principle 相信另一个 principle 的真实性，进行认证工作。Kerberos 还产生一种临时密钥，称作会话密钥（session key），方便通信双方只在一次具体的通信中交换数据，当通信结束，此会话密钥自动失效。如果 Principle 需要再一次申请服务，必须向 Kerberos 重复申请，Kerberos 又会重新分配新的会话密钥方便通信双方进行新一次的通信。

5.1.2　Kerberos 专有术语

Kerberos 协议的描述中定义了许多术语，其中较重要的参数如表 5-1 所示。

表 5-1　部分 Kerberos 参数表

参　数	含　义　说　明
C	客户端（Client）
S	服务器（Server）
TGS	票据授权服务器（Ticket-Granting Server）
TS	时间戳（Timestamp）
Ticket	票据，网络双方通信时的有效凭证
LT	票据（Ticket）的有效期
ID_C	客户端的标识（ID）
ID_{TGS}	票据授权服务器的标识（TGS ID）
$K_{C,AS}$	客户端（C）和认证服务器（AS）的共享密钥
$K_{v,TGS}$	服务器（v）和票据授权服务器（TGS）的共享密钥
K_{TGS}	认证服务器（AS）和票据授权服务器（TGS）的共享密钥
$K_{C,TGS}$	认证服务器（AS）产生的、用于客户端（C）和票据授权服务器（TGS）之间能信需要的会话密钥（session key）
$K_{C,v}$	票据授权服务器（TGS）产生的、用于客户端（C）和服务器（v）之间通信需要的会话密钥
$\{M\}_K$	表示用密钥 K 加密消息 M
$Ticket_{tGS}$	客户端（C）用来与票据授权服务器（TGS）通信的票据
AD_C	客户端的 IP 地址，用来代表谁使用票据
AU	认证标识，用来标识认证相关信息
$M_1 \parallel M_2$	消息 M_1 和消息 M_2 的简单串接

1）Principal（client/server）：参与网络通信的实体，是具有唯一标识或特定字符串名字的实体（客户端或服务器）。Kerberos 可以给该实体分配一组凭证。它可以由任何数量的独立部分组成，但通常含有以下三个部分。

- 主名（primary）：Kerberos principal 的第一部分。如果是一个用户，那么它就是用户名。

如果是一个服务，那么它就是该服务的名称。

- 实例（instance）：Kerberos principal 的第二部分。它主要用来修饰主名。实例可以为空。如果是一个用户，实例通常用来描述相应凭证的用途。如果是一台主机，实例就是主机名的全称。

- 域（realm）：由一个独立的 Kerberos 的数据库和一组 KDC（Key Distribution Center，密钥分发中心）组成的逻辑网络。通常域名都由大写字母组成，这样做是为了将 Kerberos 中的域和因特网中的域（domain）区分开来。

Kerberos 中的 principal 的一般格式是：primary/instance@ REALM。在 Kerberos 安全机制中，一个 principal 就是 realm 中的一个对象，一个 principal 总是和一个密钥（secret key）成对出现的。这个 principal 的对应物可以是 service，可以是 host，也可以是 user，对于 Kerberos 来说，都没有区别。

2）authentication：认证。验证一个主体所宣称的身份是否真实。

3）authentication header：认证头。即一个数据记录，包括票据和提交给服务器的认证码。

4）authentication path：认证路径。即跨域认证时所经过的中间域的序列。

5）authenticator：认证码。即一个数据记录，其中包含一些最近产生的信息，产生这些信息需要用到客户端和服务器之间共享的会话密钥。

6）ticket：票据。Kerberos 协议中用来记录信息、密钥等的数据结构，client 用它向 server 证明身份，包括 client 身份标识、会话密钥、时间戳和其他信息。所有内容都用 server 的密钥加密。

7）session key：会话密钥。两个主体之间使用的一个临时加密密钥，只在一次会话中使用，会话结束即作废。

8）KDC：Kerberos 密钥分发中心，负责发行票据和会话密钥的可信网络服务中心。KDC 同时为初始票据和票据授权票据 TGT 请求提供服务。

提醒

> Kerberos 票据：client 和 server 在最初并没有共享加密密钥。每当一个 client 向一个新的验证者证明自己时，总是依赖于认证服务器生成并安全地分发给双方的一个新加密密钥。这个加密密钥称为会话密钥，Kerberos 票据就是用来向验证者分发会话密钥的。

5.1.3 Kerberos 应用环境与组成结构

Kerberos 协议本身并不是无限安全的，而且也不能自动地提供安全服务，它只有在以下特定的环境中才能正常运行。

1）不存在拒绝服务（denial of service）攻击。

2）主体必须保证他们的私钥的安全。

3）Kerberos 无法应付口令猜测（password guessing）攻击。

4）网络上每台主机的时钟必须是松散同步的（loosely synchronized）。

5）主体的标识不能频繁地循环使用。

6）由于协议中的消息部分无法穿透防火墙，因此 Kerberos 协议往往用于一个组织的内部。

由于访问控制的典型模式是使用访问控制列表（Access Control List，ACL）来对主体进行授权，因此，所有这些条件满足以后 Kerberos 才开始正常地运作。Kerberos 协议的基本应用环境主要是在一个分布式的 client/server 体系机构中采用一个或多个 Kerberos 服务器提供一个鉴别服务。客户端想请求应用服务器上的资源，首先向 Kerberos 认证服务器请求一张身份证明，然后将身份证明交给服务器进行验证，服务器在验证通过后，为客户端分配请求的资源。图 5-2 是 Kerberos 的完整结构图。

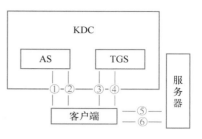

图 5-2　Kerberos 的完整结构图

Kerberos 协议中共涉及三个服务器：认证服务器（Authentication Server，AS）、票据授权服务器（TGS）和应用服务器（Server）。其中，AS 和 TGS 两台服务器为认证提供服务，应用服务器则是为用户提供最终请求的资源，在 Kerberos 协议中主要负责验证。

Kerberos 程序结构的主要组成部分如下。

1）Kerberos 应用程序库（Kerberos applicaton library）。Kerberos 应用程序库给应用程序提供了一系列接口，其中包括创建和读取认证请求，以及创建 safe message 和 private message 的子程序。Kerberos 的加密采用 DES 算法。Kerberos 提供对 PCBC（Propagating CBC）的支持，PCBC 是对 CBC（Cypher Block Chaining，密码块链接）的扩展，在 CBC 中当传输出错时只会影响整个消息中的当前块（current block），但在 PCBC 中会将整个消息置为无效，提高了可靠性。

2）加密/解密库（encryption/decryption library）。加密/解密库主要完成整个通信过程中的加密部分，保证了以密文形式传递所有重要信息。Kerberos 数据库的记录中记载了每个 Kerberos 用户的名字、私有密钥、截止信息（记录的有效时间，通常为几年）等信息。用户的其他次要信息，如真实姓名、电话号码等放在 Hesiod nameserver 中。数据库管理程序对两个数据库进行管理，数据库程序库对它进行支持。

3）数据库程序库（database library）。

4）数据库管理程序（database administration program）。

5）KDBM 服务器（KDBM server）。KDBM 服务器又称为 Kerberos 数据库管理服务器，运行在存放 Kerberos 数据库的主机上，接受客户端的请求对数据库进行操作。

6）认证服务器（AS）。认证服务器又称为 Kerberos 服务器，在主机上存放一个 Kerberos 数据库的只读副本，用来完成 principal 的认证，并生成会话密钥。

7）票据授权服务器（TGS）。票据授权服务器负责验证客户端从认证服务器处所得到的票据，并生成客户端与最终服务器之间通信的 Kerberos 票据。

8）数据库复制软件（database propagation software）。数据库复制软件用来管理数据库从主机（即 KDBM 服务所在的机器）到从机（即认证服务器）的复制工作。为了保持数据库的一致性，每隔一段时间就需要进行复制工作。

9）用户程序（user program）。用户程序用来完成登录 Kerberos、改变 Kerberos 密码、显示和破坏 Kerberos 票据（ticket）等工作。

10）应用程序（application）。用户请求服务的最终目标方。应用程序用来接收客户发来的票据，并提供客户所请求的服务。

5.2 Kerberos 工作原理

Kerberos 认证系统主要用于计算机网络鉴别，其特点是用户只须输入一次身份验证信息就可以凭借此验证获得的票据访问多个服务，即 SSO（Single Sign On）。由于在每个客户端和服务器之间建立了共享密钥，使得该协议具有相同的安全性。

5.2.1 Kerberos 认证服务请求和响应

首先，用户向 KDC 发送自己的身份信息、验证者名称、票据有效期限和一个用来匹配请求与响应的随机数。用户和每一个验证者通信都需要一个独立票据的会话密钥用它进行通信。当用户要和一个特定的验证者建立联系时，发出认证请求（图 5-3 中①）。KDC 收到此请求信息后，从 AS 得到 TGT（Ticket-granting Ticket），使用响应请求用协议用户与 KDC 之间的密钥将 TGT 加密回复给（图 5-3 中②）消息 2。用户收到此响应后，只有拥有私钥的用户才能利用它与 KDC 之间的密钥加密后的 TGT 解密，从而获得 TGT 和会话密钥。此过程避免了用户直接向 KDC 发送密码，以求通过验证的不安全方式。在响应中，认证服务器返回会话密钥、指定的有效时间、请求时所发的随机数、验证者名称和票据的其他信息，所有内容均用用户在认证服务器上注册的口令作为密钥来加密，再附上包含相同内容的票据，这个票据将作为应用请求的一部分发送给验证者。

这一部分所涉及的协议包如下。

1）C→AS：$ID_C \parallel ID_{TGS} \parallel TS1$，客户端向认证服务器请求授权服务器访问的凭证票据 $Ticket_{TGS}$，其中的 TS1 和下面出现的 TS2、TS3 等表示对应的票据的有效期限。

2）ASC：$EK_C(K_{C,TGS} \parallel ID_{TGS} \parallel TS2 \parallel LIFETIME2 \parallel Ticket_{TGS})$，其中 $Ticker_{TGS} = E_{TGS}(K_{C,TGS} \parallel ID_C \parallel AD_C \parallel ID_{TGS} \parallel TS2 \parallel LIFETIME2)$。

5.2.2 应用服务请求和响应

图 5-3 中的③④表示应用服务请求和响应（application request and response），这是 Kerberos 协议中最基本的消息交换，Client 利用之前获得的 TGT 向 KDC 请求第二轮 TGT（图 5-3③）。此 TGT 是 TGS 授权客户访问应用服务器的许可票据 $Ticket_V$。当 TGS 收到客户传送过来的认证服务器给出的授权服务器许可访问的票据 $Ticket_{TGS}$，接着用私钥解开 $Ticket_{TG}$ 得到用户身份信息，然后通过 TGS 与客户的共享密钥解开 Authenticator 验证包得到用户身份信息。比较两个用户信息，如果相同，证明身份可靠，反之身份可疑。最终 TGS 用与客户之间的共享密钥加密信息包传送给客户（图 5-3④）。

这一部分所涉及的协议包如下。

1）C→TGS：$ID_V \parallel Ticket_{TGS} \parallel Authenticator_C$，其中 $Authenticator_C = EK_{C,TGS}(ID_C \parallel AD_C \parallel TS3)$。

2）TGS→C：$EK_{C,TGS}(K_{C,V} \parallel ID_V \parallel TS4 \parallel Ticket_V)$，其中 $Ticket_V = EK_V(K_{C,V}) \parallel ID_C \parallel AD_C \parallel ID_V \parallel TS4 \parallel LIFETIME4$。

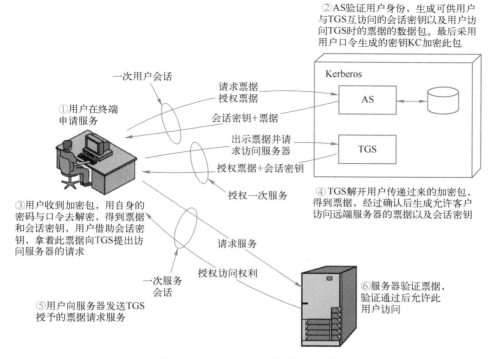

图 5-3　Kerberos 完整的认证过程

5.2.3　Kerberos 最终服务请求和响应

为了完成票据的传递，客户端把信息中获得的票据 Ticket$_V$ 转发到服务器端。由于用户不知道 KDC 与服务器端之间的密钥，因此他无法篡改 Ticket$_V$ 中的信息。同时客户端将收到的会话密钥解密出来，然后将自己的用户名、用户地址（IP）打包成并用会话密钥加密也发送给服务器（图 5-3⑤）。服务器收到票据后，利用它与 KDC 之间的密钥将票据中的信息解密出来，从而获得会话密钥、用户名、用户地址、服务名和有效期限。然后再用会话密钥将 Authenticator 解密从而获得用户名、用户地址，将其与之前从票据中解密出来的用户名、用户地址做比较从而验证用户的身份。如果服务器有返回结果，将其返回给用户（图 5-3⑥）。

这一部分所涉及的协议包如下。

1）C→V：Ticket$_V$ ‖ Authenticator$_V$，其中 Authenticator$_V$ = EK$_{C,V}$(ID$_C$ ‖ AD$_C$ ‖ TS5)。

2）V→C：EK$_{C,V}$(TS5+1)。

5.3　Kerberos 安装与配置

KDC 是负责发行票据和会话密钥的可信网络服务中心。KDC 同时为初始票据和 TGT 请求提供服务。每一个 KDC 都存有一份 Kerberos 数据库的本地副本。一般为了达到服务的保障性，Kerberos 系统中都会存在主 KDC 与辅 KDC，主 KDC 存有数据库的主副本，它每隔一段时间就被同步到辅 KDC 上。所有针对数据库的更改（例如修改密码）都是在主 KDC 上做的。所有辅 KDC 都提供 Kerberos 票据授予服务，但是不能对数据库进行管理。这样，即使主 KDC 不能提供服务了，客户端仍然可以继续获得 Kerberos 票据。因此 Kerberos 安装过程主要是针对主 KDC

的安装。在安装过程中需要频繁地在主 KDC 和辅 KDC 之间切换。Kerberos 的安装主要包含以下几步。

1）编辑配置文件 krb5. conf 和 kdc. conf。

2）创建数据库。

3）将管理员加入 ACL 文件。

4）将管理员加入 Kerberos 数据库。

5）启动 Kerberos 守护程序。

根据客户自身情况（例如主机名、域名）修改配置文件/etc/krb5. conf 和/usr/local/var/krb5kdc/kdc. conf。MIT 建议将配置文件保存在/etc 目录下。配置文件中的大多数配置项都有默认值，在大多数情况下都可以正常工作。但在 krb5. conf 文件中有一些配置必须特别设定。

5.3.1 配置主 KDC 文件

1. krb5. conf

配置文件 krb5. conf 中包含 Kerberos 的配置信息，包括该 Kerberos 域中 KDC 和管理服务器的地址、当前域和 Kerberos 应用程序的默认值，以及主机名与 Kerberos 域之间的对应关系。通常来说，用户应该把配置文件 krb5. conf 放在/etc 目录下。当然，也可以通过更改环境变量krb5. conf 来对其进行重新配置。

krb5. conf 文件的组织形式类似 Windows 中的 INI 文件。不同的段由段名加上方括号区分。每一个段中可以包含一个到多个配置项，形式如下：

```
foo = bar
```

或者

```
fubar = {
    foo = bar
    baz = quux
}
```

如果在每条配置项后面加上"＊"，它表示对该标签所设置的值就是最终的值，不可以进行更改。这也就意味着，在该配置文件的其他部分或者是在其他的配置文件中，对该标签重新设定的值都会被忽略。

例如，如果有以下两行配置：

```
foo = bar *
foo = baz
```

第二行中对 foo 所设定的值（baz）将不会起到任何作用。

在 krb5. conf 文件中也可以包含对其他配置文件的引用，有以下两种形式：

```
include filename
includedir dirname
```

filename 和 dirname 都必须是绝对路径。指定的文件或目录必须存在并可读。如果指定为包含目录，则该目录下的所有文件都会被包含进来，但是文件名必须只含有字符、斜杠或者下画线。被包含的文件从语法上来说与包含它的父文件没有直接关系，因此每个被包含的文件必须以一个段头开头。

表 5-2 表示 krb5. conf 可以包含以下任意一个或者全部段。

表 5-2　krb5. conf 字段表

字　　段	含 义 说 明
libdefaults	包含 Kerberos V5 库所使用的默认值
login	包含 Kerberos V5 登录程序所使用的默认值
appdefault	包含 Kerberos V5 应用程序所使用的默认值
realms	包含若干由 Kerberos 域名划分出来的子段。每一个子段描述了该域所特有的一些信息，包括在哪里找到该域的 Kerberos 服务器
domain_realm	包含域名和子域到 Kerberos 域名对应关系的配置。这个有可能被其他程序用来确定一台拥有全域名的主机该属于哪一个 Kerberos 域
logging	决定 Kerberos 程序添加 log 的行为
capaths	包括直接（非分层）跨域鉴权路径。该段中的每一个条目都会被客户端用来决定跨域鉴权所要经过的中间域
plugins	用来动态加载插件模块以及打开或关闭某一个模块

2. kdc. conf

kdc. conf 文件包含了 KDC 的配置信息，其中包括发布 Kerberos 票据所需要用到的许多默认值。通常，要把 kdc. conf 文件放到/usr/local/var/krb5kdc 目录下。可以通过修改环境变量 krb_kdc_profile 来重载默认路径。

kdc. conf 文件的格式与 krb5. conf 文件基本一致。它主要包含以下三个段，如表 5-3 所示。

表 5-3　kdc. conf 字段表

字　　段	含 义 说 明
kdcdefaults	包含定义所有 KDC 行为的默认值
realms	由不同 Kerberos 域名区分开来的子段所组成。每个子段内包含该域的特有信息，包括从哪里可以找到该域的 Kerberos 服务器
logging	包含决定 Kerberos 程序如何进行登录的信息

5.3.2　创建数据库

通过在主 KDC 上执行命令 kdb5_ util 来创建 Kerberos 数据库及 stash 文件（可选）。stash 文件是主密钥的一份本地副本，主密钥以加密的形式保存在 KDC 的本地磁盘中。stash 文件用来让 KDC 启动 kadmink 和 krb5kdc 守护程序，系统一旦被非法访问，未授权者就可以没有任何限制地访问 Kerberos 数据库，因此如果选择安装 stash 文件，它应该被设置成对 root 只读，并且只能放到 KDC 的本地磁盘上。日常的系统备份不应该包含 stash 文件，除非对备份文件的访问也有非常高的安全限制。如果不安装 stash 文件，KDC 就会在每次启动的时候提示用户输入主 key。这也就意味着 KDC 无法自动启动。

使用 kdb5_util 在主 KDC 上创建一个 Kerberos 数据库和 stash 文件的实例如下。

```
[root@GMS01/]#kdb5_util create-r GMS.TRENDMICRO.COM-s
Loading random data
Initializing database '/usr/local/var/krb5kdc/principal'for realm
'GMS.TRENDMICRO.COM',
Master ker name 'K/M@GMS.TRENDMICRO.COM',
```

```
you will be prompted for the database master password.
It is important that you not forget this password.
Enter kdc database master key:
Re-enter KDC database master key to verify:
```

通过以上步骤，就能在 kdc. conf 文件的同级目录下创建 5 个文件：两个 Kerberos 数据库文件 principal. db 和 principal. ok、Kerberos 管理数据库文件 principal. kadm5、管理数据库锁文件 principal. kadm5. lock 和 stash 文件。

5.3.3 管理员加入 ACL 文件

通过将具有管理员身份的 principal（身份已经被确认过的对象）加入到新创建的访问控制列表文件中，Kadmind 守护进程可以使用这个文件控制用户对 Kerberos 数据库文件进行访问，以及做需要特权的修改。配置 ACL 文件主要包含以下一些参数，如表 5-4 所示。

表 5-4　ACL 参数表

参　　数	意　　义
a	允许向数据库添加 principal 或者 policy
A	不允许向数据库添加 principal 或者 policy
d	允许删除数据库中的 principal 或者 policy
D	不允许删除数据库中的 principal 或者 policy
m	允许修改数据库中的 principal 或者 policy
M	不允许修改数据库中的 principal 或者 policy
c	允许修改数据库的密码
C	不允许修改数据库的密码
i	允许查询数据库的内容
I	不允许查询数据库中的内容
l	允许列举数据库的 principal 或者 policy
L	不允许列举数据库的 principal 或者 policy
s	允许显式设置 principal 的密钥
S	不允许显式设置 principal 的密钥
*	所有权限（admcil）
x	所有权限（admcil），和 "＊" 作用一样

【例 1】

```
* /admin@ATHENA.MIT.EDU *
joeadmin@ATHENA.MIT.EDU  ADMCIL
joeadmin/*@ATHENA.MIT.EDU il * /root@ATHENA.MIT.EDU
*@ATHENA.MIT.EDU cil *1/admin@ATHENA.MIT.EDU
* /*@ATHENA.MIT.EDU  i
* /admin@EXAMPLE.COM * -maxlife 9h -postdateable
```

例 1 中，任何在 ATHENA. MIT. EDU 域中拥有 admin 实例的 principal 都拥有全部的管理员权限。用户 joeadmin 的 admin 实例有所有的权限。任何在 ATHENA. MIT. EDU 中的 principal 可以对自己的

admin 实例进行查询、列举以及修改密码，但是对其他用户就不允许。任何在域 ATHENA. MIT. EDU 中的 principal（joeadmin@ ATHENA. MIT. EDU）都有查询的权限，但是任何 principal 的创建或者修改操作都无法获得超过 9 个小时有效时间的 postdateable 票据或者普通票据。

5.3.4　向 Kerberos 数据库中添加管理员

向 Kerberos 数据库中添加管理员 principal 可以通过主 KDC 上的 kadmin. local 配置完成。但是要求新创建的管理员 principal 应该与前述在 ACL 中添加的相一致，否则系统就无法查询匹配。在 admin/admin 中添加管理员 principal 的实例如下。

```
[root@GMS01/]#/usr/local/sbin/kadmin.local
Authenticating as principalroot/admin@GMS.TRENDMICRO.COM with password.
Kadmin.local:addprinc admin/admin@GMS.TRENDMICRO.COM
WARNING:no policy specified for admin/admin@GMS.TRENDMICRO.COM; defaulting
to no policy
Enter password for principal admin/admin@GMS.TRENDMICRO.COM;
Re-enter password for principal admin/admin@GMS@.TRENDMICRO.COM;
Principal admin/admin@GMS.TRENDMICRO.COM created
Kadmin.local:
```

5.3.5　在主 KDC 上启动 Kerberos 守护进程

经过上面几个步骤的配置，就可以启动主 KDC 上的 Kerberos 守护进程了。只须输入以下两条命令：

```
[root@GMS01/]#/usr/local/sbin/krb5kdc
[root@GMS01/]#/usr/local/sbin/kadmind
```

也可以将这两行命令加入到 KDC 的/etc/rc 或者/etc/inittab 文件中，让机器开启时自动启动守护进程。守护进程启动后，只会在后台操作。因此需要通过检查 log 中的启动信息来确认它们是否已经被正常启动，是否存在错误。log 文件的位置由/etc/krb5. conf 中的配置项指定。例如：

```
[root@GMS01/]#tail/var/log/krb5kdc.log
Mar 24 14:10:04 GMS01.trendmicro.com krb5kdc[13277](info):commencing opera-
tion
[root@GMS01/]#tail/var/log/kadmind.log
Mar 24 14:10:50 GMS01.trendmicro.com kadmind[13281](info):starting
```

5.4　Kerberos 局限与改进技术

5.4.1　Kerberos 局限性

Kerberos 协议设计精巧，优点突出，但是其局限性也是很明显的，主要包括以下几个方面。

1. 单点连接，服务效率下降

Kerberos 服务结束前，它需要中心服务器的持续响应。其他用户请求不允许连接到服务器。这样就会导致很多用户请求无法响应。

2. 受中心服务器影响

所有用户使用的密钥都存储于中心服务器，危及服务器安全的行为也将危及所有用户的密钥。因此中心服务器所担负的角色最为重要，它影响所有用户的认证行为。

3. 口令猜测攻击问题

在 Kerberos 中，当用户向 AS 请求获取访问 TGS 的票据 TGT 时，AS 发往用户的报文是由从客户口令产生的密钥来加密的。而用户密钥是采用单向 Hash 函数对用户口令进行加密后得到的，如果大量地向 AS 请求获取访问 TGS 的票据，就可以收集大量的 TGT，通过计算和密钥分析来进行口令猜测。当用户选择的口令不够强时，就不能有效地防止口令猜测攻击。

4. 时钟同步攻击问题

在 Kerberos 中，为了防止重放攻击，在票据和认证符中都加入了时间戳，票据具有一定有效期，只有时间戳的差异在一个比较小的范围内才认为数据是有效的。因此，如果主机的时钟与 Kerberos 服务器的时钟不同步，认证会失败。这样就要求客户、AS、TGS 和应用服务器的机器时间要大致保持一致，一旦时间差异过大，认证就会失败。这在分布式网络环境下其实是很难达到的。由于变化的和不可预见的网络延迟，不能期望分布式时钟保持精确的同步。同时时间戳也可能带来重放攻击的隐患。假设系统中收到消息的时间在规定范围内（一般可以规定 5 分钟），就认为消息是新的。而事实上，如果事先把伪造的消息准备好，一旦得到票据就马上发出，这在所规定的时间内是难以检查出来的。

对于时钟攻击缺陷，有人提出采用 Challenge/Response 认证机制来解决，还有一种折中的方法是在协议中增加一个 Challenge/Response 选项。但是这样也使认证过程更琐碎，增加了实现的难度。

5. 密钥存储问题

使用对称密码体制作为协议的基础，而这就带来了密钥交换、密钥存储以及密钥管理的困难。Kerberos 认证中心要求保存大量的共享密钥，无论是管理还是更新都有很大的困难，需要特别细致的安全保护措施。在密钥存储管理的问题上，需要付出极大的系统代价。

6. KDC 安全问题

通信双方无条件地信任第三方 KDC，这是 Kerberos 认证能够进行的基础，因此，第三方 Kerberos 的安全至关重要。由于第三方 Kerberos 时时在线，因此对它进行网络攻击是可能的。一旦第三方 Kerberos 的安全出现问题，将会影响所有信任它的系统安全。

7. 恶意软件攻击问题

Kerberos 认证协议依赖于对 Kerberos 软件的绝对信任，而攻击者可以用执行 Kerberos 协议和记录用户口令软件来代替所有用户的 Kerberos 软件，达到攻击目的。一般而言，装在不安全计算机内的密码软件都会面临这一问题。

5.4.2 改进的 Kerberos 协议

1. 对称密钥与不对称密钥的结合使用

公共密钥方案比对称密钥方案处理速度慢，因此通常把公共密钥与对称密钥技术结合起来实现最佳性能，即用公共密钥技术在通信双方之间传送对称密钥，又用对称密钥来实现对实际传输的数据加密和解密。目前不对称密钥加密体制和对称密钥加密体制的代表算法分别为 RSA 算法和 AES 算法。RSA 算法属于公共密钥方案，在密码体制中加密和解密采用两个不同但相关的密钥。每个通信方在进行保密通信的时候都有两个相关的密钥，一个公开，另一个保密。与不同的对象通信都只需要妥善保管自己的解密密钥即可，所以对加密密钥的更新非常便捷。AES 算法属于对称密码体制，加密和解密采用相同的密钥，因此要求通信双方对密钥进行秘密分配，密钥的更新比较困难，而且对不同的通信对象，AES 须产生和保管不同的密钥。AES 算法的核心技术是在相信复杂函数可以通过简单函数迭代若干次得到的原则下，利用简单函数和对合等运算，充分利用了非线性运算，因此可以利用软件和硬件进行高速实现；而 RSA 算法中需要多次进行大整数的乘幂运算，通常密钥越长，加密效果越好，但加解密的开销也很大，相比而言效率上要相差很多。因此 AES 算法具有加解密速度快、安全强度高等优点，在军事、外交及商业应用中使用得越来越普遍，但由于存在密钥发行与管理的不足，在提供数字签名、身份认证等方面需要与 RSA 算法共同使用，以达到更好的安全效果。

2. 针对口令猜测攻击，取消认证过程中的相应口令，改由 ECC 进行认证

椭圆曲线密码体制（Elliptic Curve Cryptosystem，ECC）是目前已知的公钥体制中，对每比特所提供加密强度很高的一种体制。它基于有限域椭圆曲线上的点群中的离散对数问题。与其他公钥体制相比，椭圆曲线密码体制的优点主要表现在以下 4 个方面：密钥尺度较小；参数选择较灵活；具有由数学难题保证的安全性；实现速度较快。

3. 针对重放攻击，在 Kerberos 中引入序列号循环机制

由用户自己产生的一次性使用随机数来代替时间戳以解决时间同步的问题，再结合系统原有的生存期控制，将有效地保证一定的时间里只能存在唯一的合法消息，从而避免了重放的可能性，主要包括以下几个方面。

- 使用密钥长度在 1024 bit 以上的 RSA 算法在当前是安全的；
- 使用用户公钥加密而不是用原有口令生成的密钥加密，避免了猜测口令攻击。
- 由于在身份认证的各个环节中采用随机数，攻击者无法冒充，该协议可承受重放攻击。
- 即使中间人利用截获的信息进行攻击，由于他不掌握发送方的私钥，无法获得会话密钥，也不可能获得服务器的信任，无法得到预想的服务。

本章深入研究了新的 Kerberos 认证协议规范，指出了其局限性。提出了在 Kerberos 协议中引入 ECC 的数据传输加密的改进方法，在一定程度上克服了传统 Kerberos 认证协议中密钥管理困难、容易受到口令攻击和对时间同步性要求高的缺点，提高了 Kerberos 认证协议安全性，同时提高了身份认证速度，使其更符合工业控制网络的高实时性要求，可以更好地解决工业控制网络的身份认证问题。

5.5　项目 9　Kerberos 的安装和应用

实训目的：掌握 Kerberos 安装配置流程与要求。

实训环境：分别装有 Linux 操作系统的两台计算机，计算机需要接入 Internet。

项目内容

1）服务器列表如表 5-5 所示。

表 5-5　服务器列表

主　机　名	IP 地址	角　色
work	192.168.1.115	master KDC
zuoyeji	192.168.1.116	Kerberos_client

2）在 work 节点上安装 KDC 服务器并完成配置，最后生成两个文件。

```
1  yum install krb5-server.x86_64 krb5-libs.x86_64 krb5-workstation.x86_64 krb5
2  /etc/krb5.conf ———>realm
3  /var/kerberos/krb5kdc/kdc.conf ———>domain.to.realm mappings
```

3）配置 KDC. CONF。

```
1  [root@work etc]# vi /var/kerberos/krb5kdc/kdc.conf
2  [kdcdefaults]
3   kdc_ports = 88
4   kdc_tcp_ports = 88
5
6  [realms]
7   XIAOMI.PRESTO = {
8   acl_file = /var/kerberos/krb5kdc/kadm5.acl
9    dict_file = /usr/share/dict/words
10  admin_keytab = /var/kerberos/krb5kdc/kadm5.keytab
11  database_name = /var/kerberos/principal
12  max_renewable_life = 7d
13  supported_enctypes = aes256-cts:normal aes128-cts:normal des3-hmac-
     sha1:normal arcfour-hmac:normal des-hmac-sha1:normal des-cbc-md5:normal
     des-cbc-crc:normal
14  }
```

4）配置 krb5. conf。

```
1  [root@work ~]$vi /etc/krb5.conf
2
3  [logging]
4   default = FILE:/var/log/krb5libs.log
5   kdc = FILE:/var/log/krb5kdc.log
6   admin_server = FILE:/var/log/kadmind.log
7
8  [libdefaults]
9   default_realm = XIAOMI.PRESTO
10  dns_lookup_realm = false
11  dns_lookup_kdc = false
12  ticket_lifetime = 24h
13  renew_lifetime = 7d
14  forwardable = true
15
16  [realms]
```

```
17  XIAOMI.PRESTO = {
18   kdc = xiaobin
19   admin_server = xiaobin
20  }
21
22 [domain_realm]
23  .xiaomi.presto = XIAOMI.PRESTO
24  xiaomi.presto = XIAOMI.PRESTO
25
```

5）初始化 Kerberos 数据库。

```
1  [root@work ~]$ kdb5_util create -s -r XIAOMI.PRESTO
2
3  Loading random data
4  Initializing database '/var/kerberos/principal' for realm 'XIAOMI.PRESTO',
5  master key name 'K/M@XIAOMI.PRESTO'
6  You will be prompted for the database Master Password.
7  It is important that you NOT FORGET this password.
8  Enter KDC database master key:
9  Re-enter KDC database master key to verify
```

参数说明：
- [-s] 表示生成 stash 文件，并在其中存储 master server key（krb5kdc）。
- [-r] 用来指定一个域名，当在 krb5.conf 中定义了多个 realm 时使用。

当 Kerberos 数据库创建好之后，在/var/kerberos/中可以看到生成的 principal 相关文件。

```
1  [root@work ~]$ ll /var/kerberos/
2  总用量 28
3  drwxr-xr-x. 2 root root  4096 7月  21 04:00 krb5kdc
4  -rw-------. 1 root root 16384 7月  29 23:46 principal
5  -rw-------. 1 root root  8192 7月  21 03:59 principal.kadm5
6  -rw-------. 1 root root     0 7月  21 04:00 principal.kadm5.lock
7  -rw-------. 1 root root     0 7月  29 23:46 principal.ok
```

6）添加数据库管理员

需要为 Kerberos 数据库添加能够管理数据库的 principal，至少要添加 1 个 principal 使 Kerberos 的管理进程 kadmind 能够在网络上与程序 kadmin 进行通信。

```
1  [root@work ~]$ kadmin.local -q "addprinc admin/admin"
2  Authenticating as principal root/admin@XIAOMI.PRESTO with password.
3  WARNING: no policy specified for admin/admin@XIAOMI.PRESTO; defaulting to
   no policy
4  Enter password for principal "admin/admin@XIAOMI.PRESTO":
5  Re-enter password for principal "admin/admin@XIAOMI.PRESTO":
6  Principal "admin/admin@XIAOMI.PRESTO" created.
```

注意：此处设置密码为 admin。

7）配置 kadm5. acl。

在 KDC 上需要编辑 acl 文件来设置权限，该 acl 文件的默认路径是/var/kerberos/krb5kdc/kadm5. acl（也可以在文件 kdc. conf 中修改）。Kerberos 的 kadminddaemon 会使用该文件来管理对 Kerberos 数据库的访问权限。对于那些可能会对 pincipal 产生影响的操作，acl 文件也能控制哪些 principal 能操作哪些其他 principal。

```
1  [root@work]# cat /var/kerberos/krb5kdc/kadm5.acl
2  */admin@XIAOMI.PRESTO
```

8）测试启动 Kerberos 系统服务。

```
1  krb5kdc 启动
2  servicekrb5kdc start
3  正在启动 Kerberos 5 KDC:                [确定]
4
5  kadmin 启动
6  service kadmin start
7  正在启动 Kerberos 5 Admin Server:       [确定]
```

注意：如果启动 krb5kdc 和 kadmin 的时候报错，尝试使用 service krb5kdc start 这种方式。

9）设置开机启动。

```
1  chkconfig krb5kdc on
2  chkconfig kadmin on
```

10）查看进程。

```
1  [root@work]# netstat -anpl |grep kadmin
2  tcp    0    0 0.0.0.0:749         0.0.0.0:*          LISTEN    1111/kadmind
3  tcp    0    0 0.0.0.0:464         0.0.0.0:*          LISTEN    1111/kadmind
4  tcp    0    0 :::749              :::*               LISTEN    1111/kadmind
5  tcp    0    0 :::464              :::*               LISTEN    1111/kadmind
6  udp    0    0 0.0.0.0:464         0.0.0.0:*                    1111/kadmind
7  udp    0    0 fe80::a00:27ff:fe4b:4faa:464 :::*                1111/kadmind
8  [root@ work]# netstat -anpl |grep kdc
9  tcp    0    0 0.0.0.0:88          0.0.0.0:*          LISTEN    1102/krb5kdc
10 tcp    0    0 :::88               :::*               LISTEN    1102/krb5kdc
11 udp    0    0 0.0.0.0:88          0.0.0.0:*                    1102/krb5kdc
12 udp    0    0 fe80::a00:27ff:fe4b:4faa:88 :::*                 1102/krb5kdc
```

11）查看日志。

```
1  [root@work]# tail -10f /var/log/krb5kdc.log
```

12）在 zuoyeji 节点上配置 Kerberos_client，并用主机上的 krb5. conf 覆盖本地主机的/etc/krb5. conf 文件。

```
1  [root@zuoyeji ~]#yum install krb5-libs.x86_64 krb5-workstation.x86_64 krb5
2  [root@zuoyeji ~]# scp root@work:/etc/krb5.conf /etc/krb5.conf
```

5.6　巩固练习

一、选择题

1. 在 Kerberos 系统中，使用一次性密钥和（　　）来防止重放攻击。

　　A. 时间戳　　　　B. 数字签名　　　　C. 序列号　　　　D. 数字证书

2. Windows 2000 有两种认证协议，即 Kerberos 和 PKI，下面有关这两种认证协议的描述中正确的是（　　）。

　　A. Kerberos 和 PKI 都是对称密钥

　　B. Kerberos 和 PKI 都是非对称密钥

　　C. Kerberos 是对称密钥，而 PKI 是非对称密钥

　　D. Kerberos 是非对称密钥，而 PKI 是对称密钥

3. 在使用 Kerberos 认证时，首先向密钥分发中心发送初始票据（　　），请求一个会话密钥，以便获取服务器提供的服务。

　　A. RSA　　　　　B. TGT　　　　　C. DES　　　　　D. LSA

4. Kerberos 是 MIT 为校园网设计的身份认证系统，该系统利用智能卡产生（　　）密钥，可以防止窃听者捕获认证信息。

　　A. 私有　　　　　B. 加密　　　　　C. 一次性　　　　D. 会话

5. 为了防止会话劫持，Kerberos 提供了（　　）机制。

　　A. 连续加密　　　B. 报文认证　　　C. 数字签名　　　D. 密钥分发

6. Kerberos 在报文中还加入了（　　），用于防止重发攻击。

　　A. 伪随机数　　　B. 时间标记　　　C. 私有密钥　　　D. 数字签名

7. Kerberos 是基于（　　）的认证协议。

　　A. 私钥　　　　　B. 共享密钥　　　C. 加密　　　　　D. 密文

8. Window 2000 域或默认的身份验证协议是（　　）。

　　A. HTML　　　　B. Kerberos V5　　C. TCP/IP　　　　D. Apptalk

二、简答题

1. 简述 Kerberos 的完整工作过程。

2. 简述 Kerberos 的设计目的是什么。

第6章　微软数字认证

本章导读：

本章主要介绍微软公司开发的数字证书测试工具集，并详细分析工具包中主要工具的使用原理与用途。

学习目标：

- 理解并掌握 Makecert 工具的原理及应用
- 理解并掌握签名工具 Signcode 的原理及应用
- 理解并掌握发行者证书管理工具 Cert2spc 的原理及应用
- 理解并掌握证书验证工具 Chktrust 的原理及应用

素质目标：通过学习微软开发的数字证书测试工具集，理解工具包中主要工具的使用原理与用途。坚定按照实事求是的思想路线来想问题办事情做决策。

6.1　微软数字证书工具——Makecert

通过对第 4 章数字证书工作原理的学习，我们了解到在互联网技术和信息化迅速发展的今天，数字证书应用于各种需要身份认证的场合，为从事信息活动的实体间能够安全地进行信息交互提供有力的保障。

国内金融认证中心在全国 10 个经济发达城市开展用户对网上银行态度调查结果显示，客户中知道数字证书的约有 1/3，而使用第三方数字证书的只有 3%。人们主要担心数字证书的安全，原因有两点：一方面，曾有一段时间，"网络钓鱼""网上诈骗"等事件混淆了公众的视听；另一方面，公众缺乏对数字证书安全保护措施的了解，缺乏对电子认证和数字证书的认知，绝大部分用户采用用户名/密码这种传统的手段。实际上，数字证书是世界上普遍采用的、安全性较好的安全手段。

为了让更多的人了解数字证书，微软开发了一套免费的制作数字证书的测试工具集，该工具集包含数字证书工具 Makecert. exe，用于生成仅用于测试的 X. 509 证书；发行者证书测试工具 Cert2spc. exe，用于从一个或多个 X. 509 证书创建发行者证书（SPC）；文件签名工具 Sign-Code. exe，用于 Authenticode 数字签名对可移植的执行文件（PE）进行签名；设置注册表工具 Setreg. exe，用于允许更改"软件发布状态"密钥的注册表设置；证书管理器工具 Certmgr. exe，用于管理证书、证书信任列表和证书撤销列表；证书验证工具 Chktrust. exe，用于检验签名证书的正确性。该工具集全部采用命令行执行，运用它可以轻松地做出属于当前用户自己的一套"数字签名"。

6.1.1　Makecert 的原理和参数

Makecert 是微软研发出来用来创建数字证书的工具，生成的证书符合 X. 509 证书规范。

该工具首先创建公钥私钥密钥对，并与指定发行者的名称相关联同时保存于数字证书中。Makecert 包含基本选项和扩展选项。基本选项是最常用于创建证书的选项，扩展选项更灵活。其调用格式如下：

```
Makecert [options] outputCertificateFile
```

其中 options 为选项部分，outputCertificatefile 为新创建的 X. 509 证书的证书名。

表 6-1 和表 6-2 分别为基本选项与扩展选项的参数说明。

表 6-1　基本选项参数说明

选　　项	说　　明
−n *x509name*	指定主题的证书名称。此名称必须符合 X. 509 标准。最简单的方法是在双引号中指定此名称，并加上前缀 "CN ="。例如，"CN =*myName*"
−pe	将所生成的私钥标记为可导出。这样可将私钥包括在证书中
−sk *keyname*	指定主题的密钥容器位置，该位置包含私钥。如果密钥容器不存在，系统将创建一个
−sr *location*	指定主题的证书存储位置。*Location* 可以是 currentuser（默认值）或 localmachine。Currentuser 为当前个人用户区，其他用户登录系统后则看不到该证书
−ss *store*	指定主题的证书存储名称
−# *number*	指定一个 {1，2，147，483，647} 之间的序列号。默认值是由 Makecert. exe 生成的唯一值
−$ *authority*	指定证书的签名权限，必须设置为 commercial（商业软件发行者使用的证书，指明商业使用）或 individual（个人软件发行者使用的证书）
−?	显示此工具的命令语法和基本选项列表
−!	显示此工具的命令语法和扩展选项列表

表 6-2　扩展选项参数说明

扩 展 选 项	说　　明
−a *algorithm*	指定签名算法。必须是 md5（默认值）或 sha1
−b *mm/dd/yyyy*	指定有效期的开始时间。默认为证书的创建日期
−cy *certType*	指定证书类型。有效值是 end（对于最终实体）和 authority（对于证书颁发机构）
−d *name*	显示主题的名称
−e *mm/dd/yyyy*	指定有效期的结束时间。默认为 12/31/2039 11：59：59 GMT
−eku *oid*[,*oid*]	将用逗号分隔的增强型密钥用法对象标识符（OID）列表插入到证书中
−h *number*	指定此证书下面的树的最大高度
−ic *file*	指定颁发者的证书文件
−ik *keyName*	指定颁发者的密钥容器名称
−iky *keytype*	指定颁发者的密钥类型，必须是 signature、exchange 或一个表示提供程序类型的整数。默认情况下，"1" 表示交换密钥，"2" 表示签名密钥
−in *name*	指定颁发者的证书公用名称
−ip *provider*	指定颁发者的 CryptoAPI 提供程序名称
−ir *location*	指定颁发者的证书存储位置。*Location* 可以是 currentuser（默认值）或 localmachine
−is *store*	指定颁发者的证书存储名称
−iv *pvkFile*	指定颁发者的 . pvk 私钥文件
−iy *pvkFile*	指定颁发者的 CryptoAPI 提供程序类型

（续）

扩 展 选 项	说　　　明
-l *link*	指向策略信息的链接（例如，一个 URL）
-m *number*	指定证书有效期的持续时间（以月为单位）
-nscp	包括 Netscape 客户端身份验证扩展
-r	创建自签署证书（也就是自签名证书，发行者与证书所有者为同一人）
-sc *file*	指定主题的证书文件
-sky *keytype*	指定主题的密钥类型，必须是 signature、exchange 或一个表示提供程序类型的整数。默认情况下，"1"表示交换密钥，"2"表示签名密钥
-sp *provider*	指定主题的 CryptoAPI 提供程序名称
-sv *pvkFile*	指定主题的 .pvk 私钥文件。如果该文件不存在，系统将创建一个
-sy *type*	指定主题的 CryptoAPI 提供程序类型

6.1.2　Makecert 工具的应用

1. 数字证书的管理

Makecert 工具生成的证书被保存在证书存储区。证书存储区是系统中的一个特殊区域，专门用来保存 X.509 数字证书。由于 Windows 没有提供管理证书的直接入口，需要用户自行在 MMC 中添加，步骤如下。

可以在 MMC 的证书管理单元中对证书存储区进行管理。

1）在"开始"菜单中的搜索文本框中输入"MMC"命令，打开一个空的 MMC 控制台窗口，如图 6-1 所示。

图 6-1　打开 MMC 控制台

2）在控制台窗口菜单栏中选择"文件"→"添加/删除管理单元"命令，在弹出的"添加/删除管理单元"对话框中选择"证书"后单击"添加"按钮，选择"我的用户账户"单选按钮，单击"确定"按钮。

3）在控制台菜单栏中选择"文件"→"添加/删除管理单元"命令，在弹出的"添加/

删除管理单元"对话框中选择"证书"后单击"添加"按钮，选择"计算机账户"单选按钮，单击"确定"按钮。完成后，在 MMC 控制台中有了两个证书管理单元，如图 6-2 所示。

图 6-2　添加证书管理单元

4）添加完证书管理单元后可以保存这个 MMC 控制台的设置，方便以后再次使用。在菜单栏中选择"文件"→"保存"命令后进行保存即可，比如可以保存为"证书 .msc"。

图 6-2 中的两个证书管理单元分别对应证书的两类存储位置。

- 当前用户（Current User）：当前用户使用的 X.509 证书存储区。
- 本地计算机（Local Machine）：分配给本地计算机的 X.509 证书存储区。

每个存储位置下面的子目录代表证书的存储区，预设的存储区如表 6-3 所示。

表 6-3　证书存储区

AddressBook	其他用户的 X.509 证书存储区
AuthRoot	第三方证书颁发机构的 X.509 证书存储区
CertificateAuthority	中间证书颁发机构的 X.509 证书存储区
Disallowed	吊销证书的 X.509 证书存储区
My	个人证书的 X.509 证书存储区
Root	受信任的根证书颁发机构的 X.509 证书存储区
TrustedPeople	直接受信任的人和资源的 X.509 证书存储区
TrustedPublisher	直接受信任的发行者的 X.509 证书存储区

2. 数字证书的生成

在"开始"菜单中的搜索文本框中输入"cmd"，打开 MS-DOS 窗口，使用下面的命令生成一个名为 MyTestCert 的证书，并保存到当前用户的个人证书存储区中。其命令格式如下：

 范例　makecert -sr CurrentUser -ss My -n CN=MyTestCert -sky exchange -pe

3. 数字证书的保存模式

使用 Makecert 工具生成的证书主要分为以下几种文件格式。

- 私钥型证书：该证书格式由 PKCS#12 （Public Key Cryptography Standards #12，公钥加密标准#12）标准定义，包含公钥和私钥的二进制格式的证书形式，证书文件扩展名为 .pfx。
- 二进制编码型证书：该证书格式中不包含私钥，证书文件扩展名为 .cer。
- Base64 编码型证书：该证书格式中不包含私钥，证书文件扩展名为 .cer。

4. 数字证书的导入

为了方便管理，需要把外部数字证书导入存储区中。需要导入的证书文件格式为 pfx 或 cer，在证书上单击鼠标右键（这里以前面用 Makecert 生成的 MyTestCert 证书为例），在快捷菜单中选择"安装"命令，打开证书导入向导，如图 6-3 所示。

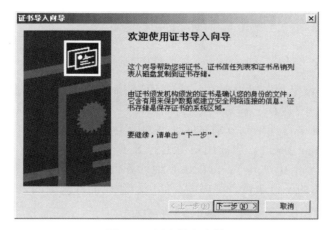

图 6-3　证书导入向导

确认要导入证书文件的路径后单击"下一步"按钮。如果导入的是 pfx 证书（即含有私钥的证书），需要提供密码，"密码"界面如图 6-4 所示。

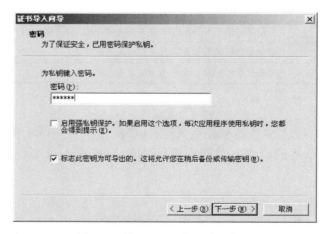

图 6-4　导入 pfx 证书时需要密码

　　pfx 证书含有私钥，在保存为证书文件时需要设置私钥密码，以保护私钥的安全，这里需要提供保存证书时设置的私钥密钥。如果选择了"标志此密钥为可导出。这将允许您在稍后备份或传输密钥"复选框，导入到证书存储区的证书以后还能导出为含有私钥的证书，否则只能导出为不含私钥的证书。

　　再下一步，如果导入的是 cer 证书，在图 6-3 中单击"下一步"按钮后进入选择证书存储区的界面，如图 6-5 所示。

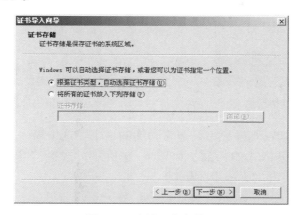

图 6-5　选择证书存储区

　　可以根据证书的类型自动存放到默认的区域，也可以自己选择存储区，一般选个人存储区。导入完成后查看，发现证书已经导入，如图 6-6 所示。

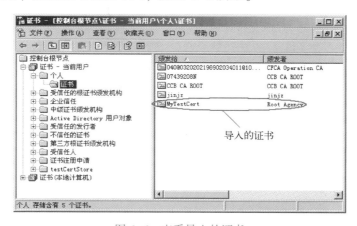

图 6-6　查看导入的证书

　　双击这个"MyTestCert"证书，打开"证书"对话框，这是证书的具体信息，可以看见这个证书包含私钥。如果导入的是 cer 证书，证书是不含有私钥的，这里也不会显示相应的提示，如图 6-7 所示。

5. 数字证书的导出

　　为了方便传递以及携带数字证书，需要把导入到证书存储区的证书再导出为证书文件。主要包含以下几个步骤。

　　1）在 MyTestCert 证书上单击鼠标右键，选择"所有任务"→"导出"命令，打开证书导出向导，如图 6-8 所示，这里有两个单选按钮，分别是"是，导出私钥""不，不要导出私钥"。

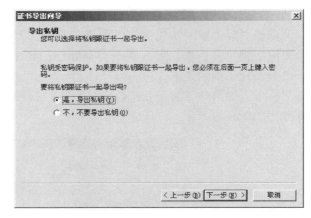

图 6-7 证书的具体信息　　　　　　　　图 6-8 证书导出向导

2）如果要导出的 MyTestCert 证书是包含私钥的证书，选中第一个选项，单击"下一步"按钮，进入选择导出证书格式的界面，如图 6-9 所示，选择"个人信息交换-PKCS #12（PFX）"单选按钮，并单击"下一步"按钮。

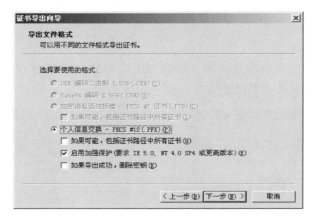

图 6-9 选择导出证书格式

3）由于导出的是含私钥的证书，需要提供私钥保护密码，如图 6-10 所示，输入密码，单击"下一步"按钮。

图 6-10 输入私钥保护密码

4）最后需要提供证书文件的保存路径，作为最终证书在硬盘中的存储位置，如图 6-11 所示。

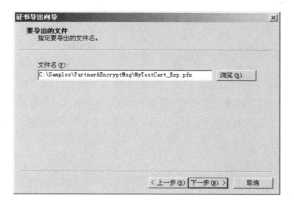

图 6-11　指定证书文件的保存路径

5）如果选择不导出私钥或者选择导出的证书本身就不含有私钥，那么在图 6-8 中选中"不，不要导出私钥"单选按钮，单击"下一步"按钮，此时选择证书格式的界面如图 6-12 所示。

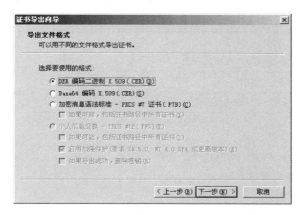

图 6-12　不含私钥的 cer 格式证书选项

这一步只能选不含私钥的证书格式（导入私钥的选项是灰色），其中 DER 编码表示导出的证书是二进制格式的证书；Base64 编码表示把证书的二进制编码转成 Base64 的编码后存储的证书；PKCS #7 也叫作加密消息的语法标准，是 RSA 安全体系中关于在公钥加密系统中交换数字证书的一种加密标准。这里选择第一个选项，选好以后单击"下一步"按钮。

6）最后需要提供证书文件的保存路径，作为最终证书在硬盘中的存储位置，如图 6-13 所示。

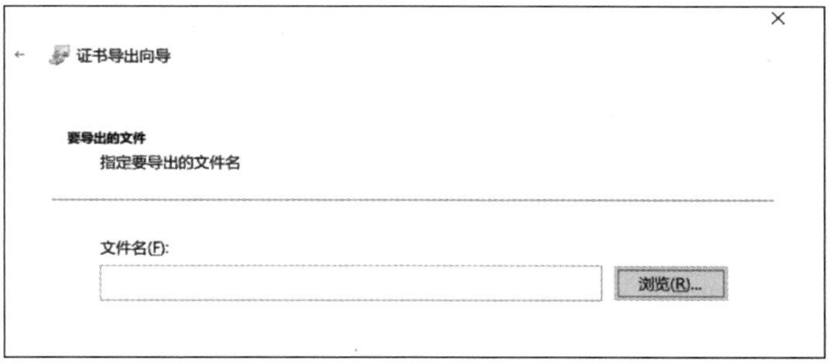

图 6-13　指定导出证书的路径

6.2 数字签名工具——Signcode

6.2.1 Signcode 的原理和参数

应用数字签名工具 Signcode 可以对可移植可执行文件（简称 PE 文件，如 .dll 文件或 .exe 文件）进行数字签名，也可以对多文件程序集中包含的某个程序集或个别的文件进行签名。与其他工具不一样，微软工具集提供的 Signcode 采用 GUI 图形界面。其调用格式如下：

```
Signcode [options] filename | assemblyname
```

Signcode 的参数如表 6-4 所示。

表 6-4 参数说明

参　　数	说　　明
filename	要签名的 PE 文件的名称
assemblyname	要签名的程序集的名称。此文件必须包含程序集清单
−$ *authority*	指定证书的签名权限，必须为 individual 或 commercial。默认情况下，Signcode.exe 使用证书的最高权限
−a *algorithm*	指定签名的哈希算法，必须为 md5（默认值）或 sha1
−c *file*	指定包含编码软件发布证书的文件
−cn *name*	指定证书的公共名
−I *info*	指定获得有关内容的更多信息的位置（通常为 URL）
−j *dllName*	指定一个 DLL 的名称，该 DLL 返回用于创建文件签名的已验证属性数组。通过重复 −j 选项可以指定多个 DLL
−jp *param*	指定为前述 DLL 传递的参数。例如：−j *dll*1 −jp *dll*1*Param*。此工具只允许每个 DLL 有一个参数
−k *keyname*	指定密钥容器名
−ky *keytype*	指定密钥类型，必须为 signature、exchange 或一个整数（如 4）
−n *name*	指定表示要签名的文件内容的文本名称
−p *provider*	指定系统上的加密提供程序的名称
−r *location*	指定注册表中证书存储区的位置，必须为 currentuser（默认值）或 localmachine
−s *store*	指定包含签名证书的证书存储区。默认为 My 存储区
−sha1 *thumbprint*	指定 *thumbprint*，它是包含在证书存储区中的签名证书的 sha1 哈希
−sp *policy*	设置证书存储区策略，必须为 spcStore（默认值）或 chain。如果指定为 chain，则验证链中的所有证书（包括自签署证书）都将被添加到签名中。如果指定为 spcStore，则受信任的自签署证书将不与验证链中添加到签名的证书包含在一起
−spc *file*	指定包含软件发布证书的 SPC 文件
−t *URL*	指示位于指定 http 地址的时间戳服务器将为该文件创建时间戳
−tr *number*	指定成功前试验时间戳的最多次数，默认为 1
−tw *number*	指定两次试验时间戳之间的延迟（以秒为单位），默认为 0
−v *pvkFile*	指定包含私钥的私钥（.pvk）文件名
−x	为文件创建时间戳，但不创建签名
−y *type*	指定要使用的加密提供程序类型
−?	显示该工具的命令语法和选项

6.2.2 Signcode 工具的应用

Signcode 工具主要用于数字签名，运用 Signcode 工具进行数字签名时，主要包含制作数字证书和使用 Signcode 进行签名两个步骤：

1. 制作数字证书

这里使用的 Makecert 命令如下。

```
Makecert -sv xuemei.pvk -n "CN=计算机学院" -ss My -r -b 01/01/1900 -e 01/01/
2015 dream.cer
```

其中的参数说明如表 6-5 所示。

表 6-5 参数说明

-sv xuemei. pvk	生成一个私钥文件 xuemei. pvk
-n "CN=计算机学院"	其中的"计算机学院"就是签名中显示的证书所有人的名字
-ss My	指定生成后的证书保存在个人证书中
-r	指定证书是自己颁发给自己的
-b 01/01/1900	指定证书的有效期起始日期
-e 01/01/2015	指定证书的有效期终止日期
dream. cer	生成的证书文件

最终生成两个文件：xuemei. pvk 和 dream. cer。然后调用 Cert2spc 工具将 dream. cer 的文件格式转换为 dream. spc，调用格式如下：

```
D:\Makecert>CERT2SPC DREAM.CER DREAM.SPC Succeeded
```

2. 使用 Signcode 对 TestSign. cab 进行签名

1）运行 Signcode——启动数字签名向导，如图 6-14 所示。

2）单击"下一步"后，如图 6-15 所示，要求选择签名类型，直接单击"下一步"即可，即选择默认的"典型"签名类型。

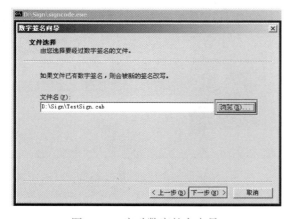

图 6-14 启动数字签名向导

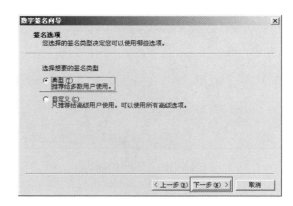

图 6-15 选择签名类型

3）如图 6-16 所示的"签名证书"对话框，单击"从存储区选择"按钮，显示本地计算机证书存储区的所有证书，包括存储在计算机和 USBKey 中的所有数字证书，选择指定的签名证书即可。

4）如图 6-17 所示，要求填写该签名的描述，此信息将会在最终用户下载此代码时显示，有助于最终用户了解此代码的功能以确定是否下载安装。在"描述"文本框中填入此代码功能的描述，在"Web 位置"文本框中填入链接，让最终用户单击描述来详细了解此代码的功能和使用方法等，本演示中的"Web 位置"为自动升级 Windows 根证书的页面。

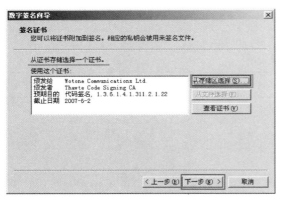

图 6-16　选择指定的数字证书

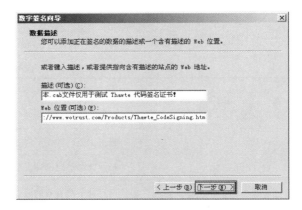

图 6-17　填写签名的描述

5）单击"下一步"按钮后，如图 6-18 所示，选中"将时间戳添加到数据中"复选框，使用 VeriSign 提供的免费代码签名时间戳 URL：http://timestamp. verisign. com/scripts/timstamp. dll。时间戳服务非常重要，添加时间戳后，即使代码签名证书已经过期，但由于代码是在证书有效期内签名的，用户仍然可以放心下载，使得即使代码签名证书已经过期，也无须重签已经签名的代码保证了此代码仍然可信。

6）单击"下一步"按钮后，如图 6-19 所示，提示已经完成数字签名向导，单击"完成"按钮。

图 6-18　添加时间戳

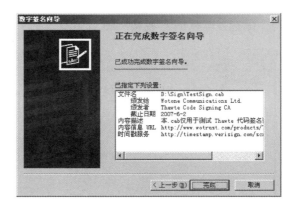

图 6-19　完成数字签名

6.3 发行者证书管理工具——Cert2spc

6.3.1 Cert2spc 的原理和参数

发行者证书管理工具 Cert2spc 通过一个或多个 X.509 证书创建发行者证书（SPC）。其调用格式如下。

```
Cert2spc cert1.cer|crl1.crl [... certN.cer|crlN.crl] outputSPCfile.spc
```

参数说明如表 6-6 所示。

表 6-6 参数说明

参　数	说　明
certN.cer	要包含在 SPC 文件中的 X.509 证书的名称。可以指定多个，以空格分隔
crlN.crl	要包含在 SPC 文件中的证书吊销列表的名称。可以指定多个，以空格分隔
outputSPCfile.spc	将要包含 X.509 证书的 PKCS #7 对象的名称

6.3.2 Cert2spc 工具的应用

进入类 DOS，进入工具包的安装目录中，从 X.509 证书 Dream.cer 创建 SPC，并把 Dream.cer 证书放入其中。

```
D:\Makecert>Cert2spc Dream.cer Dream.spc succeeded
```

6.4 证书验证工具——Chktrust

6.4.1 Chktrust 的原理和参数

Chktrust 工具用于验证用 X.509 证书签名的文件的有效性，也就是可以使用 Chktrust.exe 来查验已经签名的代码。其调用格式如下。

```
Chktrust 已签名应用程序
```

下面以已签名的程序 testsign.cab 为例介绍证书验证。

6.4.2 Chktrust 工具的应用

1. 调用 Chktrust 工具

首先进入 DOS，进入已签名文件所在目录（如：D:\sign\testsign.cab），输入命令：Chktrust testsign.cab，则会显示实际应用时在 IE 浏览器下载页面的情况，如图 6-20 所示，第 1 行文字中的时间就是时间戳记录的签名时的本地时间，注意此时间不是取签名计算机的时间，而是 VeriSign 提供时间戳服务的服务器计算出来的签名计算机设置的所在时区的本地时间。第 1~2 行的蓝色文字就是在图 6-17 中输入的描述文字，单击此蓝色文字就可以访问编辑输入的 Web

描述页面。第 4 行的蓝色文字则为该代码的发行者，也就是代码签名证书的申请者（拥有者）（如：Wotone Communications Ltd.），单击可以查看证书的详细信息。第 5 行 "发行商可靠性由Thawte Code Signing CA 验证" 就是此代码签名证书的颁发者。

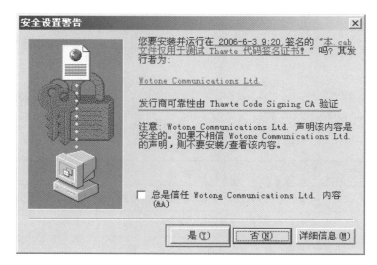

图 6-20　证书验证

2. 验证证书信息是否正确

单击 "是" 按钮，则会提示 "testsign.cab：succeeded"，表示代码 testsign.cab 签名验证有效。

6.5　项目 10　数字证书构建工具 Makecert 的应用

6.5.1　任务 1　Makecert 证书的构建

实验目的：理解并掌握 Makecert 工具如何创建数字证书。

实验环境：安装有 Windows 7 及以上操作系统的计算机，计算机需要接入 Internet；微软数字证书工具包。

项目内容

1）进入类 DOS，调用 Makecert，输入命令，新建数字证书，格式如下。

```
Makecert -sv lxmcert.pvk -n "CN=计算机学院"  -sr currentuser -ss lxmtestCert-
Store  lxmcert.cer -e  03/1/2013 12:00:59 GMT
```

数字证书创建成功，如图 6-21 所示。

2）生成的数字证书及私钥与工具 Makecert 保存在相同的盘符下，如图 6-22 所示。

3）在 "开始" 菜单中的搜索文本框中输入 "MMC" 命令，进入证书控制台，查看保存在证书存储区中的证书，如图 6-23 所示。

```
                      <CurrentUser|LocalMachine>.  Default to 'CurrentUser'
-in  <name>       Issuer's certificate common name. (eg: Fred Dews)
-a   <algorithm>  The signature algorithm
                      <md5|sha1>.  Default to 'md5'
-ip  <provider>   Issuer's CryptoAPI provider's name
-iy  <type>       Issuer's CryptoAPI provider's type
-sp  <provider>   Subject's CryptoAPI provider's name
-sy  <type>       Subject's CryptoAPI provider's type
-iky <keytype>    Issuer key type
                      <signature|exchange|<integer>>.
-sky <keytype>    Subject key type
                      <signature|exchange|<integer>>.
-l   <link>       Link to the policy information (such as a URL)
-cy  <certType>   Certificate types
                      <end|authority>
-b   <mm/dd/yyyy> Start of the validity period; default to now.
-m   <number>     The number of months for the cert validity period
-e   <mm/dd/yyyy> End of validity period; defaults to 2039
-h   <number>     Max height of the tree below this cert
-len <number>     Generated Key Length (Bits)
-r                Create a self $signed certificate
-nscp             Include netscape client auth extension
-eku <oid[<,oid]> Comma separated enhanced key usage OIDs
-?                Return a list of basic options
-!                Return a list of extended options

E:\M>Makecert -sv lxmcert.pvk -n "CN=计算机学院" -sr currentuser -ss lxmtestCertStore lxmcert.cer
Succeeded
```

图 6-21　调用 Makecert 生成数字证书

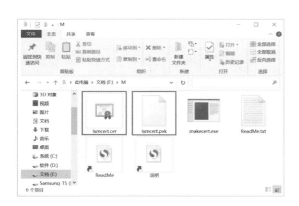

图 6-22　生成的数字证书及私钥

图 6-23　证书控制台

6.5.2　任务 2　Makecert 证书的导入与导出

实验目的：理解并掌握数字证书的导入与导出。

实验环境：安装 Windows 7 及以上操作系统的计算机，计算机需要接入 Internet；微软数字证书工具包。

项目内容

1）获取证书，可以从网上下载证书，也可以通过其他途径获取他人的证书，假设从网上下载得到证书 lxm. cer，如图 6-24 所示。

2）双击证书打开如图 6-25 所示的"证书"对话框，单击"安装证书"按钮，打开"证书导入向导"对话框，如图 6-26 所示选择当前用户。

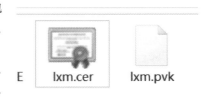

图 6-24　本地证书信息

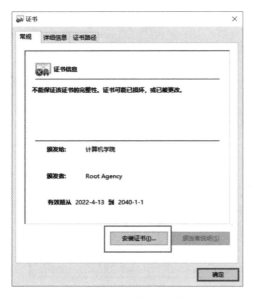

图 6-25　"证书"对话框

图 6-26　"证书导入向导"对话框

3）单击"下一页"按钮后，设置导入的证书存放于证书容器中的哪个目录下。在这里，选择个人目录分支，如图 6-27 所示。

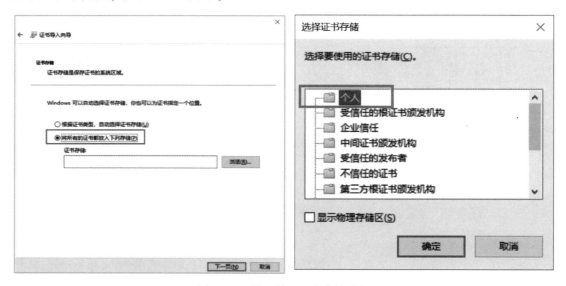

图 6-27　设置导入证书存储路径

4）确认导入的证书的存放路径是否正确后，证书导入结束，如图 6-28 所示。

5）下面把存放在证书容器中的证书导出来以方便传递给他人。首先进入证书管理平台，选中左边栏中的证书分支，然后选中其中一个证书，比如此例中的"计算机学院"证书，如图 6-29 所示。

6）单击右键，选择"所有任务"→"导出"，打开"证书导出向导"对话框，如图 6-30 所示。

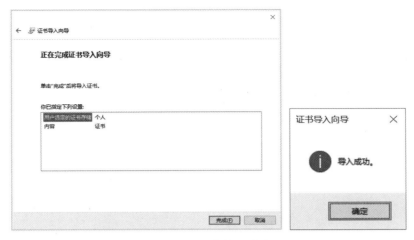

图 6-28　证书导入成功

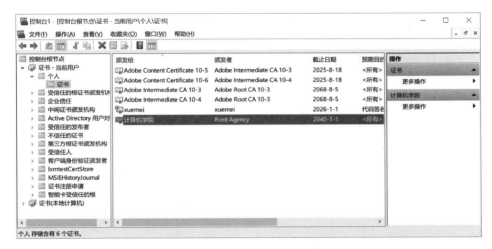

图 6-29　选择要导出的证书

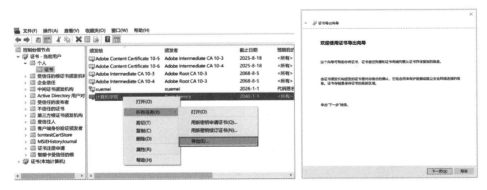

图 6-30　证书导出

7）选择导出的证书的格式，并指定导出的证书的文件名，如图 6-31 所示。

8）完成证书导出，如图 6-32 所示。

图 6-31　选择导出证书格式及文件名　　　　　　　图 6-32　成功导出证书

 思考　如何通过 IE 浏览器导入与导出数字证书？

6.6　项目 11　数字签名与验证的应用

6.6.1　任务 1　使用 Signcode 进行数字签名

实验目的：理解并掌握 Signcode 工具进行数字签名。

实验环境：装有 Windows 7 及以上操作系统的计算机，计算机需要接入 Internet；微软数字证书工具包。

项目内容

1）通过项目 10 的实训，已经成功创建数字证书及相应的私钥文件，如图 6-33 所示。

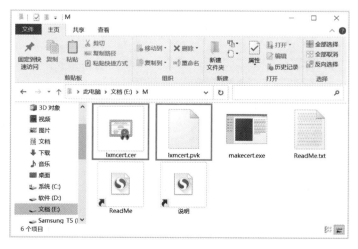

图 6-33　生成的数字证书及私钥文件

2）查看应用程序的数字签名。选定如图 6-34 所示的应用程序，单击鼠标右键后选择"属性"命令，在属性对话框中选择"数字签名"选项卡，熟悉数字签名中的相关信息。

图 6-34 已签名的应用程序

3）对指定应用程序进行数字签名。在数字证书上单击鼠标右键，选择"属性"命令，在弹出的属性对话框中查看发现，此时对话框中无"数字签名"选项卡，如图 6-35 所示。

4）运行 Signcode。打开"数字签名向导"对话框，如图 6-36 所示，要对 makecat. exe 进行数字签名。并选择进行数字签名时用到的数字证书。在选择证书的过程中，既可以选择从存储区中选择，也可以从本地文件中进行选择。这里单击"从文件选择"按钮，如图 6-37 所示。

图 6-35 属性对话框

图 6-36 "数字签名向导"对话框

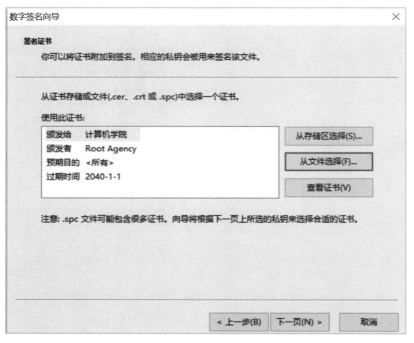

图 6-37   选择待签名应用程序及证书

5）从磁盘中选择数字签名过程中用到的私钥，本例中选择的是在项目 10 中生成的私钥 lxmcert. pvk，如图 6-38 所示。

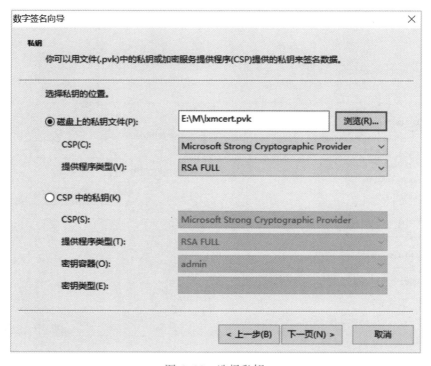

图 6-38   选择私钥

6）单击"下一步"按钮后，会提示已经完成数字签名向导，如图 6-39 所示，单击"完成"按钮就完成了中文版代码签名证书的代码签名。

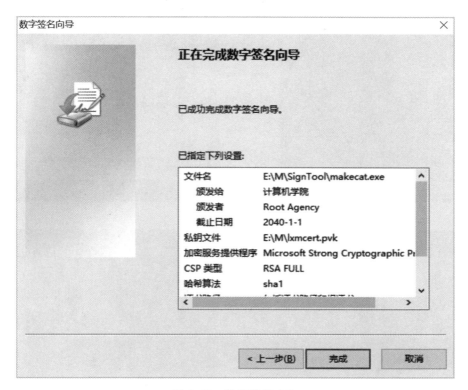

图 6-39　数字签名成功

6.6.2　任务 2　使用 Chktrust 进行数字签名验证

实验目的：理解并掌握使用 Chktrust 工具进行数字签名的方法。

实验环境：装有 Windows 7 及以上操作系统的计算机，计算机需要接入 Internet；微软数字证书工具包。

项目导读

1. Chktrust 的功能

Chktrust 工具用于验证用 X.509 证书签名的文件的有效性。

2. Chktrust 的参数说明

进入类 DOS 下，其调用格式如下。

```
Chktrust　已签名应用程序
```

项目内容

首先进入 DOS，并进入已经签名的文件所在目录，如图 6-40 所示。

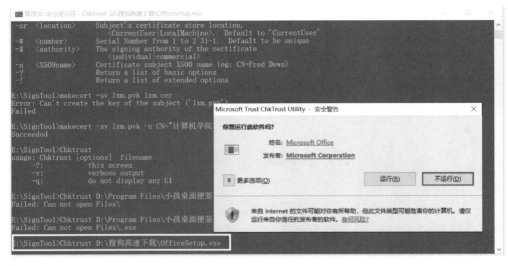

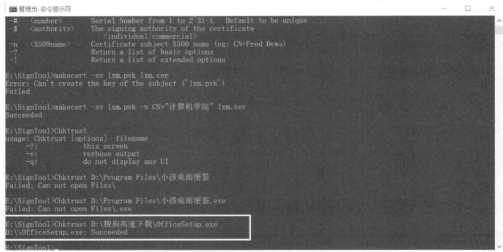

图 6-40　数字签名验证成功

6.7　巩固练习

1. 简述数字证书工具 Makecert 的功能与特点。
2. 简述签名工具 Signcode 的功能与特点。
3. 简述发行者证书管理工具 Cert2spc 的功能与特点。
4. 简述证书验证工具 Chktrust 的功能与特点。

第 7 章　数字认证技术的热门应用

本章导读:

数字认证技术是以数字证书为核心的加密技术,可以对网络上传输的信息进行加密和解密、数字签名和签名验证,确保网上传递信息的安全性、完整性。使用了数字证书,即使您发送的信息在网上被他人截获,甚至您丢失了个人的账户、密码等信息,仍可以保证账户、信息安全。简单来说,数字证书能够保障用户网上交易的安全。因此,数字认证技术具有非常广阔的市场应用前景。

学习目标:

熟悉数字认证技术的热门研究,了解数字认证技术的相关应用。

能够理解和绘制智能家居物联网系统认证流程图。

能够理解和绘制 ACK 方式的身份加密解密通信流程图。

了解数字认证研究进展、数字认证在数据业务、区块链、物联网、金融业务、教育业务中的应用和数字认证其他应用。

素质目标: 在大数据、云计算等新兴技术下,数字认证技术具有非常广阔的市场应用前景,近几年,计算机和信息犯罪正呈现上升趋势,安全认证的需求日益迫切,我们要时刻保持严谨的网络安全防范意识,切实保证个人、企业和国家的网络信息安全。

从前面的知识内容中得知,数字认证技术的核心是密码算法,而密码算法在发展过程中,不断被应用于数据业务、区块链、物联网、金融业务、教育业务、电子政务等领域。这使得各个领域的业务数据具备了更好的安全性。例如,应用历时较长的金融领域,密码技术广泛应用于金融 IC 卡、网上银行、网上证券、移动支付、电子保单等多类金融业务系统中。从参与主体来说,金融领域密码应用涉及国家主管部门,行业监管部门,银行、证券、保险金融机构,支付清算机构,应用系统提供商,密码设备、密码基础设施供应商,客户、商户等主体;从涉及的安全目标来说,包括确保金融数据的机密性、交易参与方身份认证(不可抵赖性)、交易数据的完整性、交易的不可否认性;从密码应用的具体支撑来看,包括密码算法支持、密码设备产品支持、密码基础设施支持、终端和机具支持、应用系统支持等。

2010 年以来,国家密码管理局颁布了一系列国家商用密码算法标准,包括 SM1 算法(对称密码算法)、SM2 算法(椭圆曲线公钥密码算法)、SM3 算法(密码杂凑算法)、SM4 算法(分组密码算法)、SM9 算法(标识密码算法)、祖冲之(ZUC)算法(序列密码算法)。从 2015 年 4 月,我国陆续提交了三个国密算法国际标准提案:SM3 杂凑算法纳入 ISO/IEC 10118-3;SM2 数字签名算法和 SM9 数字签名算法纳入 ISO/IEC 14888-3;SM4 算法纳入 ISO/IEC 18033-3。其中,ISO 是 International Standard Organization(国际标准化组织),IEC 是 International Electrotechnical Commission(国际电工委员会)。4 个算法均已成功纳入并进入项目编制阶段,其中,SM2 和 SM9 数字签名算法已经进入正式发布阶段,SM3 算法处于第二版最终国际标准草案阶段,SM4 算法处于第一版补篇草案建议稿阶段。

由于密码算法的飞速发展，数字认证技术也越来越成熟。本章节后续内容则围绕数字认证技术的热门研究与应用展开。

7.1 数字认证在数据业务中的应用

7.1.1 数字认证在数据业务中的应用背景

语音电话技术通过将模拟信号数字化，实现 IP 包在互联网上传递语音业务的功能。在互联网中，通信双方需要通过身份认证确定对方的真实身份。对于 VoIP（Voice over Internet Protocol，基于 IP 的语音传输）系统而言，身份认证是一种重要的安全防护，用来对抗冒充攻击和重放攻击等潜在的安全威胁，防止其他实体占用被认证实体的身份。

国际上主流的认证系统有 3 种方式，即公钥基础设施（PKI）、基于身份的加密（Identity Based Encryption，IBE）和组合公钥（Combined Public Key，CPK）。其中，IBE 系统将与实体相关的信息（如邮箱、手机号码）作为公钥，不需要频繁地获取证书和验证证书来获取公钥；CPK 利用种子公钥解决密钥的管理与分发难题，能以少量种子生成几乎"无限"个公钥。但是，IBE 的主密钥一旦泄露，所有用户的私钥都将被泄露；CPK 虽然理论完善，但要充分开发利用，还须做大量研究工作。PKI 网络安全解决方案比较成熟和完善，以公钥加密为基础，提供证书管理功能，实现双方的身份认证功能。基于 X. 509 证书的公钥基础设施正越来越多地被应用到身份认证以及身份授权体系中。

以语音传输为例，为了更好地保障语音在传输中的安全性，可以首先利用 PKI 系统实现用户身份认证，再在语音连接时利用安全传输层协议对语音信令实现加密，并在语音传输时利用安全传输层协议阶段协商的密钥对语音进行加密，以实现客户端与服务器之间的双向认证，提高语音通信过程中的隐私性和机密性。

7.1.2 基于 SIP 的 VoIP 身份认证与加密

由于证书认证程序 EJBCA（基于企业 Java Beans 技术的电子认证服务）以 J2EE 技术为基础，可实现 PKI 中几乎所有的重要部件，比如注册中心、认证中心、证书撤销列表和证书存储数据库等。西安邮电大学通信与信息工程学院的刘继明和同事，采用 EJBCA 搭建 PKI 体系。访问 EJBCA 的管理界面，进行证书制作步骤添加子 CA，创建用户，创建终端实体模版，创建指定模版的终端实体，创建 RA 管理员并且进行授权分组，录入实体信息。进入系统公共页面，获取和下载相应证书。以服务器的证书为例，最终生成的终端实体证书如图 7-1 所示。

为了验证基于 SIP（Session Initiation Protocol，会话初始协议）的 VoIP 身份认证与加密系统的可行性，在 Linux 环境下搭建仿真环境。客户端和服务器均运行在 CPU 为 2.26 GHz、内存为 1.98 GB、操作系统为 Ubuntu 11. 10 的 PC 平台上。服务器运行 ASterisk，模拟 SIP 注册服务器、代理服务器，客户端运行 Blink，模拟 UAC（用户代理客户端）发起注册、建立会话和 UAS（用户代理服务器）响应会话的功能。测试环境网络拓扑结构如图 7-2 所示。

在局域网中搭建实验平台。SIP UA1（User Agent 1，即用户代理 1）设定为 1001@ 192. 168. 35. 134，SIP UA2 设定为 1002@ 192. 168. 35. 134。客户端和服务器之间的信令交互没有采取任何安全机制，SIP 信令消息都是以明文传输的，容易被攻击者通过抓包取得用户信息，故 SIP 信令安全机制关系着整个 SIP 应用的安全。基于 SIP 的 VoIP 身份认证与加密系统，先利用基于 X. 509 证书的认证方式实现客户端和服务器的双向认证，再在服务器和客户端之间建立 TLS 连接，以实现会话建立阶段的全程加密。改进方案的网络拓扑结构如图 7-3 所示。

```
Bag Attributes
    friendlyName: server
-----BEGIN PRIVATE KEY-----
MIIEvwIBADANBgkqhkiG9w0BAQEFAASCBKkwggSlAgEAAoIBAQCssYG8uau4BX6H
d3bUL8W1lbldwwJSd612eUkRyn9VcmaUUwjCVYExkB4kiaWYplNCMKYvWPno7dwm
ZZ/k11TudXUKxjJFA/L83mEmDghU7LOKgTjrhsvFmKoFQHUkteDyoRjkdhmymff5
pRsL1s4wNpxiu+OxtbKgXkIYHGQg9ez7uPr+f6e++K94Keg6jw/Fo7AvIJL6G32M
PoZ/Xn8CnEsPgEwOM5XLNaJjiFBKaM9rtatSxo1y3IZDyrSgf7MPn/rfIa70Kbw7
TAP7h6gi+mdfna/ktzZ1XL1MPDhOvtDjrEQRB2Ycmphu6LOnelGqAD+Wmeb+5Rj
4Ga8kMnlAgMBAAECggEASCUkESbOMT3CXW+wKfcHPtQdC6mzZ6ZtxkfnGdKiHZ1c
c2y5BQ7ZmU4e+Z6zmrEpqUZPtwoR5ZixVyOvflfjOHfDfMvOJnz+31s79Lz6CBiW
7S8NC4BVOufzZ5xFFCATqOlaT99y3uVp7lZmlRHcc9HsxWbDMfg5drvKGu6Jeibx
1vdXTOWkBusW7gq+fP6R6Cdk9IHJ5MIuPRL7KhQmepySxidtIdKNsAaX2ZnImhhF
/3++c9IYQdBoSYhSDPd/4+YOgzzQ/LCKkHQ7E9iCh9azMQlUclqAKt1gZ6fqt6Da
FOqlAB6P6WMooCm9SCBJSKJ37xksRlcBlpGJ3IINBQKBgQDzcrKb77TWU63MC7K/
EoILOpTqNxSfCcMCbJqZiJXpHKBGxExOQiOqpzGttvZ6dxYlzKq522NYNRmOsXyz
KZsrPpKey2suTbfJfylZ99y5rif665FocLznKSoOM21NtOtzn2+cGsiHWU9wrhya
EuQH1KPNyOWJZydq/XHvfZ7Y9wKBgQC1mOjEGBsLMsTwORH+4vFW9DunReYsmJyY
8GkGu5DJmRJUoPrxi2/wwmpEZHIGHHh+5oJMpQCP8t6PBIysxHA5bg1r2Rym11Ug
3nZHPN3u96OPXCwEu5UUS1UmRGfHpQWbEfteu6ufXJ6dBOsEo6APkiCekn2F14Up
ilq5M7T5AwKBgQDbilrx7wh4o7u+n+oRD4LBYKUOVnm9N1NrMz90J81xDIqGA24A
wQLOTRSq4K2EITKhT7HCq8r6N+CVYw/eji3FoMcedrlwZ1vPVWKYJMMjm5+oU5ms
wsZH/EJVziDLC9WtTmGbODgQfwT5y7o1Y8XKHgOeR4ZgE+tjO63s2K9QXwKBgQCK
hgHIO7qNaETiGiaoD+WZNuTqTF+wVRnfcEQtZpajsahR9hp2dq8FMMhvMO/naYBh
DOUIIjWzmMg8wHOutooExPZn9k3s1wWQ9SGOZbHFwBF8IgtR8OVffbeOYU/o8vC7
wZPGR9I61iQIFLAc8dP/DLD1RUmK9OQU1MB31gGOkQKBgQCiWJ24weyMpFltZth8
SBqDdy153XZ5VgYEvHWIJxyIJdEg2r/yKKvZwREIWNmQBrBR3q1d91YIQaAT48LS
llWUmRh2Av9A26qnnVNKwqyjeGuotObcTF+OdCnxPk4aoBU5O5RbSTNPUGd7b82E
MO+bwqI7LEmivzclihZmVhFEPg==
-----END PRIVATE KEY-----
```

图 7-1　终端实体证书

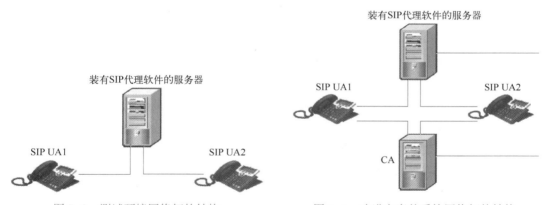

图 7-2　测试环境网络拓扑结构　　　图 7-3　改进方案的系统网络拓扑结构

1）EJBCA 分别产生 CA 根证书、SIP UA1、SIP UA2 以及服务器的 X. 509 证书，并下载到本地。

2）SIP UA1 和 SIP UA2 在客户端 Blink 中选择 Preference 选项，选择 Acount 功能的 Advanced 选项卡，在 TLS Setting 设置项中添加 SIP UA1、SIP UA2 的证书；在客户端 Blinkt 中选择 Advanced 功能，在 TLS Setting 设置项中添加 CA 根证书。

3）服务器 Asterisk 配置 SIP TLS Transport。

利用 Wireshark 得到的 TLS 加密注册信令如图 7-4 所示，不同于 SIP 信令的明文显示，客户端与服务器之间采用 TLS 传输的数据均为密文，可确保会话建立阶段的机密性。

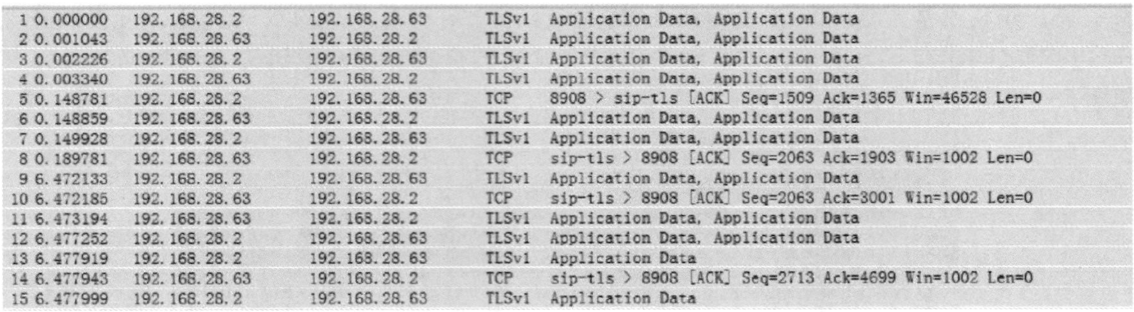

1 0.000000	192.168.28.2	192.168.28.63	TLSv1	Application Data, Application Data
2 0.001043	192.168.28.63	192.168.28.2	TLSv1	Application Data, Application Data
3 0.002226	192.168.28.2	192.168.28.63	TLSv1	Application Data, Application Data
4 0.003340	192.168.28.63	192.168.28.2	TLSv1	Application Data, Application Data
5 0.148781	192.168.28.2	192.168.28.63	TCP	8908 > sip-tls [ACK] Seq=1509 Ack=1365 Win=46528 Len=0
6 0.148859	192.168.28.63	192.168.28.2	TLSv1	Application Data, Application Data
7 0.149928	192.168.28.2	192.168.28.63	TLSv1	Application Data, Application Data
8 0.189781	192.168.28.63	192.168.28.2	TCP	sip-tls > 8908 [ACK] Seq=2063 Ack=1903 Win=1002 Len=0
9 6.472133	192.168.28.2	192.168.28.63	TLSv1	Application Data, Application Data
10 6.472185	192.168.28.63	192.168.28.2	TCP	sip-tls > 8908 [ACK] Seq=2063 Ack=3001 Win=1002 Len=0
11 6.473194	192.168.28.63	192.168.28.2	TLSv1	Application Data, Application Data
12 6.477252	192.168.28.2	192.168.28.63	TLSv1	Application Data, Application Data
13 6.477919	192.168.28.2	192.168.28.63	TLSv1	Application Data
14 6.477943	192.168.28.63	192.168.28.2	TCP	sip-tls > 8908 [ACK] Seq=2713 Ack=4699 Win=1002 Len=0
15 6.477999	192.168.28.2	192.168.28.63	TLSv1	Application Data

图 7-4 TLS 加密注册信令

应用层之间通过 TLS 过程协商的密钥对其会话数据进行加密，进一步确保了会话过程的安全性及完整性，如图 7-5 所示。

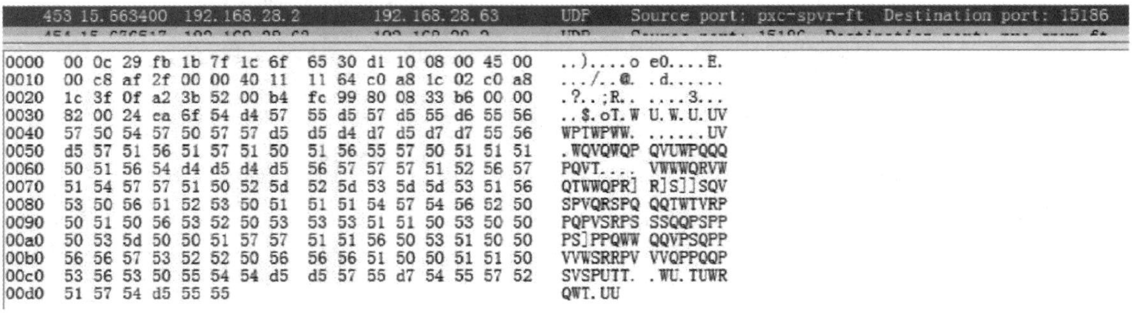

```
    453 15.663400  192.168.28.2        192.168.28.63      UDP    Source port: pxc-spvr-ft  Destination port: 15186
    454 15 676517  192 168 28 63       192 168 28 2       UDP    Source nort: 15186        Destination nort: nxc-snvr-ft
0000  00 0c 29 fb 1b 7f 1c 6f  65 30 d1 10 08 00 45 00   ..)....o e0....E.
0010  00 c8 af 2f 00 00 40 11  11 64 c0 a8 1c 02 c0 a8   .../..@. .d......
0020  1c 3f 0f a2 3b 52 00 b4  fc 99 80 d8 55 d6 55 56   .?..;R.. ....U.UV
0030  82 00 24 ca 6f 54 d4 57  55 d5 57 d5 55 d6 55 56   ..$.oT.W U.W.U.UV
0040  57 50 54 57 50 57 57 d5  d5 d4 d7 d5 d7 d7 55 56   WPTWPWW. ......UV
0050  d5 57 51 56 51 57 51 50  51 56 55 57 51 57 51 57   .WQVQWQP QVUWPQQQ
0060  50 51 56 54 d4 d5 d4 d5  56 57 57 57 51 52 56 57   PQVT.... VWWWQRVW
0070  51 54 57 57 51 50 52 5d  52 5d 53 5d 5d 53 51 56   QTWWQPR] R]S]]SQV
0080  53 50 56 51 52 53 50 51  51 51 57 54 56 52 50   SPVQRSPQ QQTWTVRP
0090  50 51 50 56 53 52 50 53  53 53 51 51 50 53 50 50   PQPVSRPS SSQQPSPP
00a0  50 53 5d 50 50 51 57 57  51 51 56 50 53 51 50 50   PS]PPQWW QQVPSQPP
00b0  56 56 57 53 52 52 50 56  56 56 51 50 50 51 51 50   VVWSRRPV VVQPPQQQ
00c0  53 56 53 50 55 54 54 d5  d5 57 55 d7 54 55 57 52   SVSPUTT. .WU.TUWR
00d0  51 57 54 d5 55 55               QWT.UU
```

图 7-5 加密会话数据

7.1.3 基于数字水印和模式恢复的语音认证

利用音频水印进行数据隐藏是人类听觉系统的非关键频带中信号修改的一种方式，一些不能被人类听觉系统听到的信号被删除或插入。第一种数字音频水印技术是扩频技术，该方法加入由心理声学模型或线性预测滤波器模型掩盖的随机信号，通过互相关完成水印的检测，该技术的局限性在于通过数字滤波可以消除水印信息；另一种音频水印标记技术是回声隐藏，利用原始信号和回声信号的时间间隔很短时人类听不到回声信号的理论，使用倒频谱分析方法提取语音信号。该技术对数字压缩信号具有鲁棒性，但是该音频水印很容易被发现和删除，用全通滤波器的数字滤波方法嵌入水印信息，通过简单的信号处理，可以很容易地删除水印标记信息，从而改变相位信息。现有的一些方法用高度重复的信号作为数字水印，该数字水印可以通过原始信号的简单修改产生。

辽宁石油化工大学的黄文超和同事提出了一种基于数字音频水印和模式恢复技术提高语音信号鲁棒性和有效性的方法，该方法解决了语音认证水印方法存在的问题。在语音信号中嵌入循环模式，与其他现有的方法相比，提取的模式不需要同步，如果语音内容被修改，则需要修改嵌入模式。采用扩频水印方法作为嵌入方案，通过循环模式的扭曲来测量修改的区域，在伪造检测分析阶段，采用曲线优化的平滑技术增强了认证系统的鲁棒性。语音认证系统处理流程如图 7-6 所示。

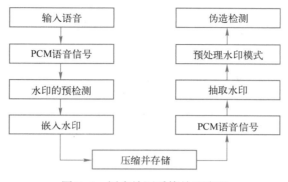

图 7-6　语音认证系统处理流程

该过程从原始语音信号的输入开始，用脉冲编码调制（Pulse Code Modulation，PCM）格式存储；水印的预检测是为了避免冗余，如果预检测没有发现任何水印，则在语音信号中嵌入水印，嵌入水印的语音信号可以用压缩或原始的格式存储；为了检测语音内容是否被伪造或对语音内容进行认证，必须进一步处理，语音信号应该由 MP3、WMA 等存储格式转换为 PCM 信号；水印图像的恢复需要对图像进行位信息提取和预处理，通过对模式退化程度的分析，可以检测出含有水印的语音信号是否被伪造。实验中使用的语音数据是在一个普通的室内环境中记录的，并按 8 kHz 的速率采样，16 bit 的分辨率量化，语音的持续时间大约为 60 s。为评估伪造检测的准确性，在随机点上替换、插入和删除语音片段，并测试修改后的语音的完整性及抵抗 MP3 和 CELP 语音压缩的鲁棒性。

从根本上说，水印嵌入可以在时域和频域中，水印技术的关键在于隐藏扩频序列，通过相关性技术不能检测出该隐藏的扩频序列。本文利用初始种子产生的伪随机序列对频谱的幅度进行了修正，这些序列的循环移位变换可以用来表示一个特定的随机序列的多个信息，水印幅度向量由 $y = m + w$ 计算得出。其中，m 为原始幅度，水印 w 定义为 Δb，随机位序列 b 由 $b(i)$ 组成，$i = 1, 2, \cdots, N$，参数 Δ 表示嵌入强度。频域嵌入水印方案如图 7-7 所示。

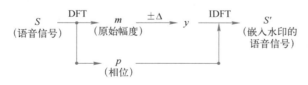

图 7-7　频域嵌入水印方案

DFT（Discrete Fourier Transform，离散傅里叶变换）的块变换存在块回声，该回声在水印应用中会引起可听到的噪声，当水印强度变强时，块回声更突出。使用重叠相加（OLA）方法合成语音块，可以减少块回声。重叠相加方法如图 7-8 所示。

最终嵌入水印的帧 2（F2）由式子

$$F_2(i) = [S'_1(N+i) + S'_2(i)] / [W(N+i) + W(i)]$$

计算得出，其中，$i = 1, 2, \cdots, N$。

式中，S'_1 为帧 1 和帧 2 的加窗信号和水印信号；S'_2 为帧 2 和帧 3 的加窗信号和水印信号；N 为帧大小；W 为窗口信号，如 hamming 窗（海明窗）。

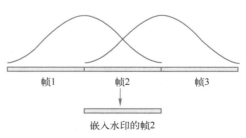

图 7-8　重叠相加方法

对于水印模式架构，在不考虑同步的情况下，对水印使用循环模式来检测伪造，通过检测模式的变化来测试伪造的存在。然而，需要在鲁棒性和时间分辨率精度之间进行权衡，时间分辨率精度由时间长度（T）和水印信息的数量确定，水印信息的折中值如图 7-9 所示。较长的时间长度和更多的水印信息能获得更高的鲁棒性，但是降低了时间分辨率的精度，本文确定 T 值为 0.6 s，水印信息为 0，1，2，3，4。

相同的水印信息被嵌入到整个区域中，这些区域通过移位随机比特序列形成，含有时间长度和水印信息。水印信息的循环模式如图 7-10 所示。

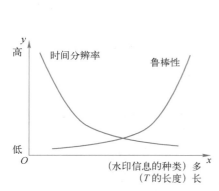

图 7-9　水印信息的折中值

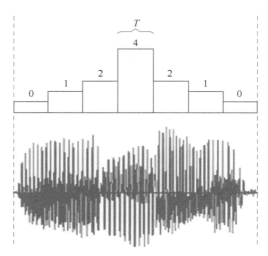

图 7-10　水印信息的循环模式

7.2 数字认证在区块链中的应用

在互联网时代，各行业机构为便于用户管理服务，常常需要获取并认证用户的身份信息。目前，由于各行业机构相互独立且为了保证身份认证效率，他们要各自获取和保存用户的身份信息。一方面，用户需要执行冗余的注册操作；另一方面，一些行业机构可能会窃取其需求之外的用户身份信息。此外，一旦某机构安全防护措施不到位，将可能导致用户隐私泄露。针对上述问题，北京航空航天大学进行了基于区块链的身份信息共享认证方案的研究。

该身份信息共享认证系统是由多个分布式职能域包含的节点组成的区块链网络。职能域是根据机构的职能进行分类的，例如医院域是所有医疗节点的集合，警局域是所有公安局节点的集合。而从宏观上来看，独立域又可以被分为注册域和查询域两大类。注册域是可以进行 User 身份信息注册和身份信息更新的节点组成的域。注册域中有一个权限最高的可信域——Center（如公安域）。注册域的其余节点都要在 Center 进行注册，并由 Center 颁发数字证书；查询域是可以进行身份信息查询的节点所组成的域，所有独立域都属于查询域。

区块链：方案中的区块链结构参照以太币系统。在区块中以智能合约作为交易的形式来记录注册的身份信息。

智能合约：将方案中的合约命名为身份注册合约。其功能是记录注册的身份信息，并支持查询域中节点的查询及注册域节点的更新。

身份注册合约可分为变量区和函数区两部分。

身份注册合约结构的变量区包括如下内容。

1）全局变量。包含映射结构 VaildRegistrars（地址到布尔类型的映射，用于标识合法的注册域用户）和 UsersMap（地址到用户数据结构 Struct 的映射）。

2）Struct。与用户数据相关的结构。Certificate 为采用 Base64 标准编码的数字证书字符串，这里的数字证书归属于对应用户的注册域节点；Tvalid 为 UNIX 时戳，代表注册用户的身份有效期；Sig（Tvalid）为该注册域节点对 Tvalid 的签名；PropertyList 为属性基加密后的用户身份信息集合（以字符串形式存在），其包含了用户不同的加密身份信息。

身份注册合约结构的函数区包括如下内容。

1）注册域函数。即注册域节点执行的注册函数，有 add() 和 setStruct() 两个函数。add() 只能由 Center 调用，输入一个注册域节点的地址来实现链上注册（即令该注册域节点的地址在 VaildRegistrars 映射结果为 true）。setStruct() 只能由完成链上注册的注册域节点调用，函数的输入为用户链上地址，用户的 Struct 信息，其目的是实现用户身份数据的更新。

2）查询域函数。即查询域节点执行的查询函数。包括获取注册特定用户身份的注册域节点信息的 getInfo() 和获得特定用户加密身份信息的 getProperty()。

节点：方案中的所有节点均为记账节点，由独立域中所有节点的服务器充当，主要负责维护区块链账本。记账节点采用 POW 共识机制，将身份注册合约打包并记录在区块内，以获取一定收益。查询域中的节点可以访问合约中的数据，而只有注册域中的节点才可以发布和更新身份注册合约。

身份信息共享认证系统分为身份注册合约发布、身份信息注册、身份信息查询认证和身份信息更新 4 个部分。身份注册合约发布是 Center 节点根据注册域节点的信息部署或更新身份注册合约的过程。身份信息注册是 User 通过注册域的节点将身份信息注册到区块链上成为 Registrant 的过程。身份信息查询认证是需要获取身份信息的节点根据 Registrant 给出的地址信息到链上查询，并将查询结果与 Registrant 给出的信息对比验证的过程。身份信息更新是注册域中的节点更新 Registrant 身份信息的过程。

7.3　数字认证在物联网中的应用

7.3.1　数字认证在物联网中的应用背景

物联网（Internet of Things，IoT）是一个基于互联网、传统电信网等信息承载体，让所有能够被独立寻址的普通物理对象实现互联互通的网络。它具有普通对象设备化、自治终端互联化和普适服务智能化等几个重要特征，物联网包括人与物、物与物之间的连接，即物联网可以随时随地实现人与人、人与物、物与物之间的交互互通。

在物联网的环境中，物联网中的节点密集度较高，一旦出现安全问题往往会造成重大损失。现有的物联网系统中存在严重的安全漏洞，如：物联网中标签被窃取、篡改、伪造和复制；物联网中标签被随意扫描；物联网现有的加密机制不健全，信息安全存在较大隐患等。

按照物联网的定义，要想实现智能化识别、控制和管理，就要求每个物体都要有自己唯一的身份，同时相应的操作人员也需要有自己唯一的身份。身份认证的目的是使通信双方确认彼此的身份无误并建立起信任关系，唯有这样才有可能对物联网环境中的物体进行安全的追溯式的监控和管理，使人们真正体验到物联网时代带来的变革。由此可见，物联网的健康发展与身份认证技术存在着密不可分的联系。

近年来，我国商用密码事业蓬勃发展，数字认证从业者一直在积极探索和推进密码技术与物联网产业的深度融合。5G 商用所引发的大数据、高智能、大连接，进一步促进了物联网的大融合，物联网应用呈现爆发式增长态势，信息安全风险成为迫切需要解决的问题，使用密码技术提高物联网数据安全势在必行。

1. 物联网认证技术

在物联网应用中，通过身份认证来识别用户、设备并限制非授权用户非法操纵设备。在物联网中，组件之间可以相互通信，并且可以共享数据，这就要求每个用户或设备都能够对其他对象和设备进行身份认证。物联网认证主要分为以下 5 种模型，如图 7-11 所示。

模型一：用户将身份认证请求发送给网关，网关将用户信息发送给传感器，传感器确认用户信息并将信息反馈给网关，网关收到信息后对用户进行身份认证，如图 7-11a 所示。

模型二：认证请求发送给网关，网关将其认证密钥发送给用户，同时将用户信息发送给传感器，然后传感器对用户进行身份认证，如图 7-11b 所示。

模型三：用户将认证请求发送给网关，网关将用户信息发送到传感器，然后传感器将自己的密钥反馈给网关的同时认证用户，如图 7-11c 所示。

模型四：用户将身份认证请求发送给传感器，然后传感器将请求返回给网关，网关向传感器发送确认信息，最后传感器认证用户，如图 7-11d 所示。

模型五：用户将身份认证请求发送给传感器，然后传感器将请求返回给网关，网关对用户进行身份认证，并向传感器发送一个确认信息，如图 7-11e 所示。

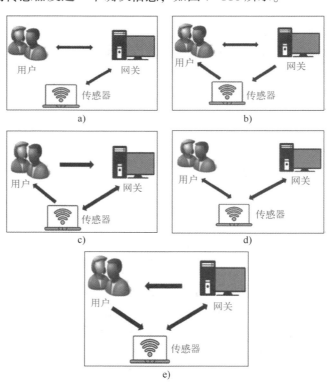

图 7-11　物联网认证模型

从上述模型中可以看出，在大多数情况下，网关节点无法直接使用用户发送的信息进行身份认证，这时远程部署的传感器节点可以帮助它们完成身份认证。

2. 物联网认证协议的类型

在物联网中，身份认证是认证用户和设备节点可信身份比较重要的过程，可以保护物联网免受非法入侵和攻击。然而，由于不同的协议对认证的设计和保护机制各不相同，以及物联网低成本、低功耗、小存储和异构性等局限性，导致很多传统计算机网络中的身份认证机制无法在物联网中使用，因此需要设计符合物联网场景的身份认证方案。目前比较常见的认证可分为基于密码的身份认证、基于介质访问控制（MAC）地址的认证、基于用户公开身份的身份认证、基于令牌的认证和基于生物特征的认证等。

（1）基于密码的身份认证

基于密码的身份认证是认证用户或设备的一种常见方法。该认证模式需要用户提供一个唯一的 ID 和密码，该 ID 和密码组合存储在身份认证服务器的数据库中。当用户提供了 ID 和密码的组合时，协议将匹配所提供的组合和保存的凭据，如果匹配，则协议允许用户或设备执行所需的操作。该认证方式可以抵抗重放攻击、中间攻击、侧信道攻击等攻击，但是也存在以下缺点：需要额外的应用程序或协议来连接、不能抵抗可抵赖攻击、依靠复杂的计算、高安全性依靠高功耗和高处理代价、无法用于没有键盘鼠标等输入设备的物联网设备中。此项技术主要用于服务器/客户端身份认证环境。

（2）基于 MAC 地址的认证

基于 MAC 地址的认证是通过使用 MAC 地址的模式进行认证的，MAC 地址是分配给网络接口的标识地址，主要用于内部网环境中的网络访问控制。当设备请求访问网络时，将服务器中注册的 MAC 地址与从设备请求的消息发送的 MAC 地址进行比较，从而进行身份认证的过程，它比基于密码的身份认证方法更简单、更快。但是，随着物联网设备数量的增加，如果超出了 MAC 地址格式的最大标记数量，则需要定义新的地址格式标准。此外，由于 MAC 地址容易被伪造，因此容易受到伪造等欺骗行为的攻击。

（3）基于用户公开身份的身份认证

基于用户公开身份的身份认证是一个使用用户（客户端）ID 的公钥密码系统，它的公钥包括电子邮件地址、名称、公开的 IP 地址和签名，该方案在实现安全性的同时还提供身份认证。该模式具有密钥分配独立、算术运算量小、密钥长度相对较短等优点，但也存在易受身份欺骗攻击和不满足不可否认性的缺点。

（4）基于令牌的认证

令牌是由身份认证服务器创建的一段数据，用于唯一地标识用户或设备。该种身份认证分为 2 种方式，一种是服务器填充一次性密码并将其发送到注册的通信媒体，该媒体与该账户相关联，并保留已传输的一次性密码的副本；服务器通过对该一次性密码与存储的一次性密码进行匹配而进行身份认证。另一种是在系统中嵌入一段信息以进行自我认证的小型设备或卡片，该系统都将对服务器的每个请求基于令牌的正确组合进行响应。

令牌身份认证设备，比如加密狗、智能卡和射频识别（Radio Frequency IDentification，RFID）芯片等，一般具有便于随身携带、价格相对便宜、简易性等优点，其记录的信息具有高可靠性与高保密性，因此令牌身份认证设备在实践中被广泛接受和使用。但是以该协议为基础制成的设备也存在一些不足，如不能实现用户的可追踪性、保证前向安全性、难以抵抗密码猜测攻击等。

（5）基于生物特征的认证

生物特征的认证是基于人的生物学特性进行的，利用特定的生物扫描仪收集用户独特的生物数据，并与通过注册过程收集的存储数据相匹配。常用的生物特征包括指纹认证、人脸认证、虹膜认证、视网膜认证、手势认证和语音认证等。其中，虹膜认证方法是使用数学模式来识别一个或两个虹膜，这对个人来说是独一无二的。同样，指纹认证在物联网机制中也很常见，通过预先在服务器中保留相同的信息来检查人类手指的纹路。由于生物特征的独一无二性，基于该特征的认证技术可以抵抗窃听、冒充、拒绝服务等攻击。但是该认证也存在局限性，例如认证需要特定的生物特征设备、系统管理，建设成本比较高，工作范围常常受限（比如刷脸认证距离往往限于 0.5～1m）等。另外，随着技术的快速发展，某些时候生物识别特征也变得容易被伪造，为此需要开发防伪造的生物识别技术。

3. 物联网安全认证机制的新趋势

目前，互联网企业也在物联网安全身份认证方面进行了积极探索，如阿里云推出的 Link ID2 物理网身份认证安全解决方案，采用预共享密钥的对称密钥机制+证书方式的非对称密钥机制来实现设备级的双向认证。腾讯提出了基于硬件和密码学算法的下一代用户身份认证标准——腾讯用户安全基础设施（Tencent User Security Infrastructure，TUSI），TUSI 采用 PKI 以及非对称密钥技术，向物联网行业推行新的身份认证标准。

可信计算已经发展到"可信计算 3.0"时代，物联网需要加快可信计算 3.0 的推广应用，筑牢基于 5G 的安全可信防线。基于可信计算和等级保护的协同合作，把每个等级、每个环节基于可信任的安全认证作为根本的保障措施，利用等级保护的框架、感知域、计算域、边界与隔离，能更好地解决物联网安全问题。鉴于物联网设备本身资源有限，导致传统计算机网络的安全机制无法与物联网环境完全集成。因此，对于微型嵌入式设备，应该开发有效的安全解决方案，而对于智能设备的设计和研究，应注重检测和从攻击中恢复的自主性。同时，为了应对物联网的安全挑战，如信任管理、识别、认证、隐私、访问控制和机密性等，需要新的软/硬件技术及识别机制，还应该考虑密钥管理的有效性。

7.3.2　物联网中的隐私保护

1. 物联网的体系结构

目前，人们对于物联网体系结构的描述有所不同，但内涵基本相同。一般来说，可以把物联网的体系结构分为感知层、传输层和应用层三个部分，如图 7-12 所示。

1）感知层的任务是全面感知外界信息，通过各种传感器节点获取各类数据，利用传感器网络或射频阅读器等网络和设备实现数据在感知层的汇聚和传输。

2）传输层把感知层收集到的信息安全可靠地传输到处理层，传输层的功能主要通过网络基础设施实现，如移动通信网、卫星网、互联网等。

3）应用层是对智能处理后的信息的应用，是根据用户的需求建立相应的业务模型，运行相应的应用系统。

2. 物联网隐私威胁

物联网的隐私威胁可以简单地分为两大类。

（1）基于数据的隐私威胁

数据隐私威胁主要是指物联网中数据采集、传输和处理等过程中秘密信息的泄露，从物联

图 7-12　物联网体系结构

网体系结构来看，数据隐私问题主要集中在感知层和处理层，如感知层数据聚合、数据查询和 RFID 数据传输过程中的数据隐私泄露问题，处理层中进行各种数据计算时面临的隐私泄露问题往往与数据安全密不可分。因此一些数据隐私威胁可以通过数据安全来解决，保证数据的机密性能够解决隐私泄露问题，但有些数据隐私问题则只能通过隐私保护来解决。

（2）基于位置的隐私威胁

位置隐私是物联网隐私保护的重要内容，主要指物联网中各节点的位置信息以及物联网在提供各种位置服务时面临的位置隐私泄露问题，具体包括 RFID 阅读器位置隐私 RFID 用户位置隐私、传感器节点位置隐私以及基于位置服务中的位置隐私问题。

3. 物联网隐私威胁分析

从前面的分析可以看出，物联网的隐私保护问题主要集中在感知层和处理层，下面将分别分析这两层所面临的隐私安全威胁。

（1）物联网感知层隐私安全分析

感知层的数据一般要经过信息感知、获取、汇聚、融合等处理流程，不仅要考虑信息采集过程中的隐私保护问题，还要考虑信息传送汇聚时的隐私安全。感知网络一般由传感器网络 RFID 设备、条码和二维码等组成，目前研究最多的是传感器网络和 RFID 系统。

1）RFID 系统的隐私安全问题。

RFID 技术的应用日益广泛，在制造、零售和物流等领域均显示出了强大的实用价值，但随之而来的是各种 RFID 相关的安全隐患与隐私问题，主要表现在以下两个方面。

- 用户信息隐私安全 RFID 阅读器与 RFID 标签进行通信时，其通信内容包含了标签用户的个人隐私信息，当受到安全攻击时会造成用户隐私信息的泄露。无线传输方式使攻击者很容易从节点之间传输的信号中获取敏感信息，从而伪造信号。例如身份证系统中，攻击者可以通过获取节点间的信号交流来获取机密信息用户隐私，甚至可以据此伪造身份，如果物品上的标签或读写设备（如物流门禁系统）信号受到恶意干扰，很容易形成隐私泄露，从而造成重要物品损失。
- 用户位置隐私安全 RFID 阅读器通过 RFID 标签可以方便地探知到标签用户的活动位置，

使携带 RFID 标签的任何人在公开场合被自动跟踪，造成用户位置隐私的泄露；并且在近距离通信环境中，RFID 芯片和 RFID 阅读器之间通信时，由于 RFID 芯片使用者距离 RFID 阅读器太近，以至于阅读器的地点无法隐藏，从而引起位置隐私问题。

2）传感器网络中的隐私安全问题。

传感器网络包含了数据采集、传输、处理和应用的全过程，面临着传感节点容易被攻击者物理俘获、破解、篡改甚至部分网络为敌控制等多方面的威胁，会导致用户及被监测对象的身份、行踪、私密数据等信息被暴露。由于传感器节点资源受限，以电池提供能量的传感器节点在存储、处理和传输能力上都受限制，因此需要复杂计算和资源消耗的密码体制对无线传感网络不适合，这就带来了隐私保护的挑战。从研究内容的主体来分，无线传感器网络中的隐私问题可分为面向数据的隐私安全和面向位置的隐私安全。无线传感器网络的中心任务在于对感知数据的采集、处理与管理，面向数据的隐私安全主要包括数据聚合隐私和数据查询隐私。定位技术是无线传感器网络中的一项关键性基础技术，其提供的位置信息在无线传感器网络中具有重要的意义，在提供监测事件或目标位置信息、路由协议、覆盖质量及其他相关研究中有着关键性的作用。然而，节点的定位信息一旦被非法滥用，也将导致严重的安全和隐私问题；并且节点位置信息在无线传感器网络中往往起到标志的作用，因此位置隐私在无线传感器网络中具有特殊而关键的地位。

（2）物联网处理层隐私安全分析

物联网时代需要处理的信息是海量的，需要的处理平台也是分布式的。在分布式处理环境中，如何保护参与计算各方的隐私信息是处理层所面临的隐私保护问题，这些处理过程包括数据查询、数据挖掘和各种计算技术等。基于位置的服务是物联网提供的基本功能，包括定位和电子地图等技术。基于位置服务中的隐私内容涉及两个方面，即位置隐私和查询隐私。位置隐私中的位置是指用户过去或现在的位置；而查询隐私是指敏感信息的查询与挖掘，即数据处理过程中的隐私保护问题。数据挖掘是指通过对大量数据进行较为复杂的分析和建模，发现各种规律和有用的信息，其可以被广泛地用于物联网中，但与此同时，误用、滥用数据挖掘可能导致用户数据，特别是敏感信息的泄露。目前，隐私保护的数据挖掘已经成为一个专门的研究主题，数据挖掘领域的隐私保护研究最为成熟，很多方法可以被物联网中其他领域的隐私保护研究所借鉴。

4. 物联网隐私保护方法

简单地说，隐私保护就是使个人或集体等实体不愿意被外人知道的信息得到应有的保护。与隐私保护密切相关的一个概念是信息安全，两者之间有一定的联系，但两者关注的重点不同。信息安全关注的主要问题是数据的机密性、完整性和可用性，而隐私保护关注的主要问题是系统是否提供了隐私信息的匿名性。通常来讲，隐私保护是信息安全问题的一种，可以把隐私保护看成是数据机密性问题的具体体现。

目前的隐私保护技术主要集中在数据发布、数据挖掘以及无线传感网等领域，结合数据隐私和位置隐私两类物联网隐私威胁，可以将物联网隐私保护方法分为三类。

（1）匿名化方法

该方法通过模糊化敏感信息来保护隐私，即修改或隐藏原始信息的局部或全局敏感数据。

（2）加密方法

基于数据加密的保护方法中，通过密码机制实现了他方对原始数据的不可见性以及数据的无损失性，既保证了数据的机密性，又保证了数据的隐私性。加密方法中使用最多的是同态加密技术和安全多方计算（Secure Multi-party Computation，SMC）。

同态加密是一种允许直接对密文进行操作的加密变换技术，该算法的同态性保证了用户可以对敏感数据进行操作但又不泄露数据信息秘密。同态技术是建立在代数理论之上的，其基本思想如下。

假设 E_{k1} 和 D_{k2} 分别代表加密和解密函数，明文数据是有限集合 $M = \{m_1, m_2, \cdots, m_n\}$ 和代表运算，若

$$(E_{k1}(m_1), E_{k1}(m_2), \cdots, E_{k1}(m_n)) = E_{k1}((m_1, m_2, \cdots, m_n)) \quad (7-1)$$

成立，则称函数族 $(E_{k1}, D_{k2}, \cdots,)$ 为一个秘密同态，从式（7-1）中可以看出，为了保护 m_1，$m_2, \cdots, m_n$ 等原始隐私数据在进行运算的时候不被泄露，可以对已加密数据 $E_{k1}(m_1), E_{k1}(m_2), \cdots,$ $E_{k1}(m_n)$ 进行运算后再将结果解密，得到的最终结果与直接对原始数据进行运算得到的结果是一样的。

SMC 是指利用加密机制形成交互计算的协议，可以实现无信息泄露的分布式安全计算，参与安全多方计算的各实体均以私有数据参与协作计算，当计算结束时，各方只能得到正确的最终结果，而不能得到他人的隐私数据。也就是说，两个或多个站点通过某种协议完成计算后，每一方都只知道自己的输入数据和所有数据计算后的最终结果。

（3）路由协议方法

路由协议方法主要用于无线传感网中的节点位置隐私保护，无线传感网的无线传输和自组织特性使得传感器节点的位置隐私保护尤为重要。路由协议隐私保护方法一般基于随机路由策略，即数据包的每一次传输并不都是从源节点方向向汇聚节点方向传输的，转发节点以一定的概率将数据报向远离汇聚节点的方向传输。同时传输路径不是固定不变的，每一个数据报的传输路径都随机产生。这样的随机路由策略使得攻击者很难获取节点的准确位置信息。

5. 匿名化技术在物联网隐私保护中的应用

基于位置的服务（LBS）是物联网提供的一个重要应用，当用户向位置服务器请求位置服务（如 GPS 定位服务）时，如何保护用户的位置隐私是物联网隐私保护的一个重要内容。利用匿名技术可以实现对用户位置信息的保护，位置隐私保护主要包含三种模型结构。

（1）独立结构

独立结构比较简单，用户在客户端上完成匿名过程，然后将服务请求发送给第三方 LBS 提供商，如图 7-13 所示。

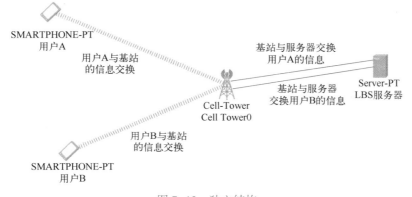

图 7-13 独立结构

（2）中心服务器结构

中心服务器结构在独立结构的基础上添加了一个可信任的匿名服务器，该服务器位于用户和 LBS 提供商之间，接受用户发送过来的位置服务请求，将信息匿名处理后发送给第三方 LBS 提供商，如图 7-14 所示。

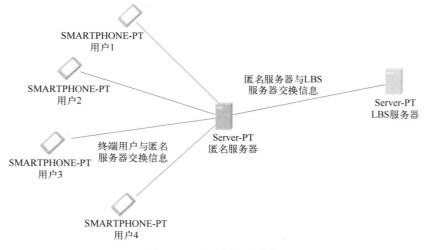

图 7-14　中心服务器结构

（3）点对点结构

点对点结构只存在用户和 LBS 提供商，用户和用户之间通过协作组成合适的匿名群，该匿名群用于保护用户的隐私安全，如图 7-15 所示。

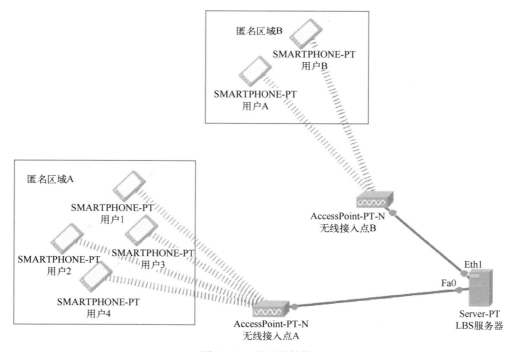

图 7-15　点对点结构

匿名化技术用于数据隐私保护时，会在一定程度上造成原始数据的损失，从而影响了数据处理的准确性，并且所有经过干扰的数据均与真实的原始数据直接相关，降低了对隐私数据的保护程度。该方法用于位置隐私保护时，由于需要信任匿名的第三方，安全性不够，从而降低了隐私保护程度。该方法的优点在于计算简单、延时少、资源消耗较低，并且该方法既可用于数据隐私保护，也可用于位置隐私保护。例如无线传感器网络中移动节点位置隐私保护和 LBS 的位置保护，数据处理中的数据查询和数据挖掘隐私保护等，因此在物联网隐私保护中具有较好的应用前景。

6. 加密技术在物联网隐私保护中的应用

（1）RFID 隐私保护

RFID 主要面临阅读器位置隐私、用户信息隐私和用户位置隐私等隐私问题，下面介绍几种对应的隐私保护方法。

1）安全多方计算。

针对 RFID 阅读器位置隐私，一个有效方法是使用 SMC 的临时密码组合保护并隐藏 RFID 的标志。

2）基于加密机制的安全协议。

对于用户位置隐私问题以及防止未授权用户访问 RFID 标签的研究，主要基于加密机制实现保护。密码机制的主要研究内容是利用各种成熟的密码方案和机制来设计与实现符合 RFID 安全需求的密码协议。该方法安全性好，但增加了技术消耗，主要包括以下几类基于 Hash 函数的安全协议。

- Hash 锁协议。为了避免信息泄露和被追踪，Hash 锁协议使用 MetaID 来代替真实的标签 ID，标签对阅读器进行认证之后再将其 ID 发送给阅读器。这种方法在一定程度上防止了非法阅读器对标签 ID 的获取，但每次传送的 MetaID 保持不变，存在安全隐患。
- 随机化 Hash 锁协议。为了改进 Hash 锁协议的不足，随机化 Hash 锁协议采用基于随机数的挑战应答机制，标签每次发给阅读器的认证信息是变化的。
- Hash 链协议。Hash 链协议是基于共享秘密的挑战应答协议，在 Hash 链协议中，要求标签使用两个不同的杂凑函数，阅读器发起认证时，标签总是发送不同的应答。
- Hsap 协议。基于 Hash 函数设计一个介于 RFID 标签和后端服务器之间的安全认证协议，以解决假冒攻击、重传攻击、追踪和去同步化等安全问题。

Hash 函数计算量小、资源损耗低，且 Hash 函数的伪随机性和单向性保证了 RFID 标签的安全性，能有效防止标签信息的泄露和追踪。但在 Hash 链中认证时，服务器端的负载会随着标签数目的增加而成比例地增长。

3）重加密方法。

重加密方案基于公钥加密体制实现重加密（即对已加密的信息进行周期性再加密），标签可以在用户请求下通过第三方数据加密装置定期地对标签数据进行重写。

该方法中，由于标签和阅读器间传递的加密 ID 信息变化很快，使得标签电子编码信息很难被盗取，非法跟踪也很难实现，从而获得较高的隐私性和灵活性。但其使用公钥加密机制，运算量大、资源需求较多。

4）匿名 ID 方法。

匿名 ID 方法可以保护 RFID 用户的数据和位置隐私。该方法中标签存储的是匿名 ID，具体方法如下。

① 当标签对阅读器进行响应时，发送匿名 ID 给阅读器。

② 阅读器把收到的匿名 ID 转发给后台服务器，由服务器进行解密。

③ 服务器把解密后的 ID 发送给阅读器。

该方法通过加密标签 ID 防止标签隐私信息的泄露，加密装置可以采用添加随机数等方法，资源消耗低、灵活性好。但为了防止用户的位置信息被追踪，需要定期更新标签中已加密的 ID，如果更新时间间隔太长，则隐私保护性能将大大降低。

（2）无线传感网数据隐私保护

基于加密技术的无线传感器网络数据隐私保护方法主要是采用同态加密技术实现端到端数据聚合隐私保护。在 WSN 中对数据进行端到端加密可以保证数据的隐私性，因此数据聚合隐私保护的挑战在于如何使聚合节点在不能解密数据的前提下对数据进行聚合。数据聚合隐私保护方法（CDA）采用了基于加法的同态流加密算法，使得聚合节点可以对已加密数据进行聚合。这一类方法的不足之处在于所有节点与基站共享相同的密钥，攻击者通过攻击任意一个传感器节点可以获得密钥并访问加密数据，且不能保证单个节点的隐私性。另外同态加密方法算法复杂度高，资源消耗较多。

（3）数据挖掘隐私保护

针对分布式环境下的数据挖掘方法，一般通过同态加密技术和安全多方计算实现隐私保护。众多分布环境下基于隐私保护的数据挖掘应用都可以抽象为无信任第三方（Trusted Third Party）参与的 SMC 问题。下面根据数据挖掘的分类方法，从分类挖掘、关联规则挖掘和聚类挖掘三个方面介绍利用同态加密技术实现的 SMC 隐私保护数据挖掘算法。

1）隐私保护分类挖掘算法。

分类挖掘算法是数据挖掘中常用的一类方法。分类的目标就是要构造一个分类模型，从而预测未来的数据趋势。目前分类采用的方法主要有决策树、贝叶斯算法和 KNN 算法等。隐私保护分类技术的主要目的是要在数据挖掘过程中建立一个没有隐私泄露的、准确的分类模型。

目前隐私保护分类挖掘方案包含①基于同态加密和数字信封的合作决策树分类方法，参与的合作方不需要分享私有数据；②垂直两方或多方合作下的 ID3 算法隐私保护方案；③基于贝叶斯分类的隐私保护挖掘算法，可用于垂直分布的两方安全计算；④基于最近邻居查找的隐私保护方法，并利用同态加密技术在数据用户终端对私有数据进行加密；⑤基于转移概率矩阵隐私保护挖掘算法；⑥基于数据处理和特征重构的朴素贝叶斯分类中的隐私保护方法。

2）隐私保护关联规则挖掘算法。

关联规则挖掘是寻找在同一事件中出现的不同项的相关性，即找出事件中频繁发生的项或属性的所有子集以及它们之间应用的相互关联性。规则支持度（support）和置信度（confidence）是关注规则中的两个重要概念，它们分别代表了所发现规则的有用性和确定性。规则 A、B 在事务数据库 D 中成立，具有支持度 support，其中 support 是 D 中事务包含 A∪B（即 A 和 B 两者）的百分比，它是概率 P（A∪B）规则 A、B 在事务集 D 中具有置信度 confidence，D 中包 A 的事务同时也包含 B 的百分比是 confidence，这是条件概率 P（B|A）关联规则挖掘就是在事务数据库 D 中找出具有用户给定的最小支持度阈值（min_sup）和最小置信度阈值（min_conf）的规则。

3）隐私保护聚类挖掘算法。

聚类是一个将物理或抽象对象的集合分组为由类似的对象组成的多个类的过程。由聚类所生成的簇是一组数据对象的集合，这些对象与同一个簇中的对象彼此相似，与其他簇中的对象相异，聚类分析就是从给定的数据集中搜索数据对象之间所存在的有价值联系。聚类的方法有很多，K–均值和K–中心点是比较常用的聚类方法。

4）其他隐私保护。

利用匿名化技术可以实现 LBS 隐私保护，但这类方法需要一个可信任的第三方，这就降低了安全性。基于隐私信息恢复（PIR）的隐私保护方法不需要一个可信任的第三方，通过加密技术实现对位置隐私的保护，并通过使用数据挖掘技术来优化查询过程；利用安全函数计算和同态加密理论来解决访问控制过程中策略和证书的隐私保护问题。

用于隐私保护的加密机制一般都基于公钥密码体制（如同态加密技术等），其算法复杂度通常要高于其他基于共享密钥的加密技术，也高于一般的扰乱技术，计算延时长，且资源消耗较多。加密机制的优点在于加密算法保证了数据的隐私性和准确性。因为利用同态加密技术的同态性质，可以在隐私数据加密的情况下对数据进行处理，既保证了数据的隐私性，又保证了数据处理结果的准确性。该类方法在现有的隐私保护技术中得到了广泛的应用，如无线传感器网络中端到端加密的数据聚合和隐私保护数据挖掘等。

7. 路由协议方法在物联网隐私保护中的应用

路由协议方法主要用于无线传感网中的节点位置隐私保护。根据保护范围不同，节点位置隐私保护可分为本地位置隐私保护和全局位置隐私保护。

（1）本地位置隐私保护

- 针对无线传感器网络的位置隐私保护的幻影路由协议。幻影路由协议中包含了一个熊猫、猎人模型，作为恶意攻击方的猎人希望通过对 WSN 中无线传播信号的监测而逐跳追踪获取熊猫出现的位置。协议由两阶段构成，第一阶段是直接随机漫步，将报文随机漫步到网络中的一个伪源节点；第二阶段将报文从伪源节点路由到 sink 节点幻影路由协议基于随机路由策略保护节点的位置信息，但由于采用了泛洪技术，使得攻击者能很快地收集位置资源的信息。
- 定向随机幻影路由。与洪泛幻影路由不同的是，第二阶段中报文定向随机步直到基站，从而具有更大的安全期和更低的损耗。

基于源节点有限洪泛的源位置隐私保护协议（PUSBRF 协议），能够产生远离真实源节点且地理位置多样性的幻象源节点，从而提高了源位置隐私的安全性和平均安全时间。

（2）全局位置隐私保护

- 保护本地和全局源位置隐私的路由方案。该方案由两种方法组成，路由到随机选择中间节点（RRIN）和网络混合环（NMR）。RRIN 保护本地源位置隐私，采用两步路由策略把信息从实际源节点路由到 sink 节点，通过一个或多个随机选择的中间节点使攻击者不能通过逐跳路由分析追踪到源节点；NMR 通过在一个网络混合环中路由可保护网络级（全局）源位置隐私。
- 可以对抗全局攻击的 sink 节点位置隐私保护方法——DCARPS 匿名路由协议。该协议中提出了一个新的网络拓扑发现方法，允许 sink 节点获得全局拓扑而不泄露自己的位置，sink 负责所有的路由计算。该协议的另一大特点是使用标记交换方法，传感器节点在转发包时执行简单的标记交换。无线传感器网络中的主要资源消耗在于通信模块，而路由协议保护方法需要发送大量额外的通信量以实现隐私保护，因此通信开销大、能量消耗多且通信延时长。

目前的路由协议研究主要集中于抵抗外部攻击，特别是外部攻击中的本地攻击。内部攻击和移动节点位置保护的研究相对较少，隐私保护程度不高。

结合前面讨论的物联网体系结构和隐私安全威胁，总结物联网隐私保护方法如表 7-1 所示。

表 7-1 物联网隐私保护方法

体系结构层次	面临的隐私威胁	隐私保护方法
应用层	1. 访问控制隐私问题 2. 其他物联网应用中的隐私威胁	1. 隐私代理 2. 同态加密技术
处理层	1. 数据挖掘和分布式处理隐私问题 2. 数据查询的隐私问题 3. 基于位置服务的隐私问题基于数据失真	1. 同态加密技术 2. 安全多方计算 3. 匿名化
传输层	1. 现有通信网中存在的隐私威胁因素 2. 跨网络架构信息传输的隐私威胁	
感知层	1. 阅读器位置隐私 2. 系统用户信息隐私 3. 用户位置隐私 4. 节点位置隐私 5. 数据聚合查询隐私	1. 安全多方计算 2. Hash 函数 3. 重加密 4. 匿名 ID 5. 路由协议 6. 同态加密技术

对于物联网的感知部分，由于物联网所连接的很多终端设备的资源非常有限，因此要考虑使用计算和通信资源消耗较少的方法，如匿名化方法；对于物联网的数据处理部分，当对数据处理结果的准确性要求较高时，应考虑采用加密技术实现隐私保护。由于物联网隐私保护的研究才刚刚开始，仍然存在着许多问题有待进一步研究。

- 进一步完善现有的隐私保护方法以适应物联网环境的需求。物联网隐私保护研究可以在现有的一些隐私保护方法的基础上展开，如 WSN 隐私保护和数据挖掘隐私保护等。但是物联网与其体系结构层次所对应的基础系统之间还是存在许多区别。从前面的分析可以看出，同态加密技术、匿名化和路由协议是隐私保护的三类重要方法。对于同态加密技术，需要研究如何有效地降低其算法复杂度；对于匿名化技术，要处理好隐私保护效果和处理结果准确性这两者之间的平衡；对于路由协议方法，应尽量减少额外通信，以实现通信量和隐私保护程度之间的平衡。
- 针对物联网多源异构性的隐私安全研究。物联网的多源异构性使其安全面临巨大的挑战，因此如何建立有效的多网融合的隐私保护模型是今后研究的一个重要方向。主要可以从以下几个方面展开研究：研究多源异构数据的数据隐藏方法；研究物联网关系链挖掘过程中的隐私保护方法；研究具有不同隐私保护安全级别的数据处理机制和协作计算算法。
- 基于语义模型的物联网隐私保护方法研究。物联网中存在着物的信息表示形式多样化与物的信息使用主体理解能力不足之间的矛盾，而语义标注和本体的引入将极大地改善物的信息的共享使用，并可通过在物联网分层统一语义模型中扩展隐私保护语义属性，对指定的私密信息进行隐藏方式或销毁方式的信息遮掩，实现物联网信息的隐私保护。

7.3.3 智能家居系统物联网安全性方案

智能家居系统利用先进的计算机技术、网络通信技术、智能云端控制、综合布线技术、医疗电子技术，依照人体工程学原理，融合个性需求，将与家居生活有关的各个子系统，如安防、灯光控制、窗帘控制、煤气阀控制、信息家电、场景联动、地板采暖、健康保健、卫生防疫、安防保安等有机地结合在一起。智能家居是物联网的主要应用之一，通过网络化综合智能控制和管理，实现"以人为本"的全新家居生活体验。

1. 智能家居系统的基本构成

智能家居系统一般由家庭主机、下位机、智能家居设备、App、云端服务器和各类传感器等组成，如图 7-16 所示。智能家居系统可分为 3 层，信息采集层、信息传输层和信息管理层。信息采集层由家用电器的内置传感器组成，包括声敏、热敏、气敏和化学等传感器，它们像人类的感官一样将感受到的信息采集起来。信息传输层通过 Wi-Fi 模块以及路由器实现，传感器将采集到的信息通过 Wi-Fi 连接到无线局域网并将信息发送至路由器，路由器将家庭无线局域网和互联网相连，并转发信息至家庭主机。信息管理层通过终端手机、计算机来完成家用电器信息的查看与管理，终端用户向家庭主机请求查看家用电器具体参数，家庭主机响应该服务请求并进行处理，查询云端请求数据，送回终端显示给用户。

图 7-16　智能家居系统

用户通过手机 App 软件向智能设备发送指令，智能设备接收到匹配指令后执行操作，在智能设备运行过程中，将相应信息自动上传至云端服务器保存，用户可随时登录云端查询相应信息。云端大数据分析将利用相关算法，对数据进行综合分析及处理，使家庭离散数据信息整合成为可视化的有意义图表信息呈现给终端用户，并给出合理化建议。比如：通过对家电的预约情况和预约时间进行综合分析，得出关于用户生活习惯的结论并以图表的形式展现给用户，供用户参考调整。

2. 智能家居系统的安全隐患

随着智能家居逐步扩展中，会有越来越多的设备连入系统，不可避免地会产生更多的运行数据，如空调的温度和时钟数据、室内窗户的开关状态数据、煤气电表数据等。这些数据与个人家庭的隐私相关联，如果数据保护不慎，不但会导致个人习惯等隐私数据的泄露，还可能将关系家庭安全的数据，如窗户状态等数据泄露，直接危害家庭安全。同时，智能家居系统还要对进入系统的数据进行审查，防止恶意破坏家庭系统以及联网的家电和设备。尤其在当今大数据时代，一定要保护家庭大数据的安全性。

智能家居安全隐患主要存在于智能家居设备、App、云端服务器3个方面。

（1）智能家居设备

智能家居设备在生活中被用户广泛使用，因此用户的部分信息会存储在智能家居设备上，而由于智能设备存在保存设备无线网络接入点（AP）弱口令、访问鉴权不严密、密钥机制不健全、传输协议不完善、设备绑定流程不严密等漏洞，用户信息就极易被黑客盗取，尤其是摄像头这类信息采集设备，更容易成为黑客窥探用户隐私的途径。

（2）App

物联网连接设备上安装的 App 存在安全风险，用户常通过 App 来控制智能设备的运行，但由于 App 的日常登录密码简易，密钥保护弱；App 网络访问控制不严密；操作系统漏洞；终端设备之间的通信安全没有保障等，这些安全问题都很容易成为黑客攻击的对象，从而控制用户家中智能设备并加以利用，给用户带来损失。

（3）云端服务器

智能家居设备与 App 产生的信息在智能家居设备使用过程中会被实时上传保存到云端服务器，云端服务器中存储了大量的用户信息，一旦云端服务器被黑客攻陷，后果不堪设想。目前的云端技术并不完善，黑客可通过身份伪造，破译 App 进程劫持等手段来获取云端服务器存储的信息，从而造成用户人身及财产安全的损失。

3. 增强智能家居安全防护方法

随着智能家居的普及，智能家居的安全防护是保障智能家居系统安全必不可少的部分。智能家居需要从设备端、App 端、云端服务器来进行安全防护，以此来确保数据安全、应用安全、系统安全以及网络安全。针对以上智能家居的安全隐患，可以从以下几个方面进行防护，智能家居安全防护框架如图 7-17 所示。

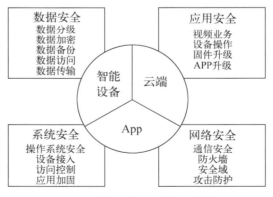

图 7-17　智能家居安全防护框架

（1）数据安全

智能家居系统中存储了用户的个人信息及设备信息，因此数据安全是智能家居安全防护的核心。为了确保用户隐私安全，系统可以根据数据及信息的重要程度进行分级设计，对于核心数据，系统采用 AES/SHA 加密、数据访问控制、数据隔离技术等多种手段来确保数据在传输、存储、访问过程中的数据安全。

（2）应用安全

智能家居应用包括音视频服务、云存储、固件升级、设备操作等，针对不同的应用采用不同的防护方案，比如在音视频应用方面，可以加入"动态令牌+音视频加密"技术，确保用户数据不被黑客窃取，保障音视频直播安全。另外，为了确保设备固件升级安全，可以采用固件包签名、安全通道传输等多种手段，有效防止数据的泄露及篡改。

（3）系统安全

对于接入智能家居系统中的设备可以设置唯一的 ID，当设备接入云端时，系统对设备的 ID 进行合法性校验，App 在访问设备时，必须申请访问权限，只有拥有授权访问权限的用户才可对设备进行操作，有效地避免系统漏洞带来的隐患。

（4）网络安全

智能家居的网络可以采用通信链路加密机制进行传输，并且使用双向身份认证机制来确保智能设备、App 以及云端服务器之间的通信安全。此外还可以进行网络权限访问设置，使用不可克隆技术加密来阻挡黑客的入侵。

7.3.4　智慧城市系统的身份认证

智慧城市是指以物联网、云计算为核心技术，以政府管理、民生服务、产业发展等为重要内容，以城市资源全面物联、信息资源充分整合、应用资源持续创新、系统资源渐进建设为主要特征的，涉及数字城管、数字执法、智能电网、智能家居、智慧交通、智慧环保、智慧医疗、智慧农业等诸多领域，由多个相对独立的信息服务子系统组成，形成基于海量信息和智能分析、可感知、可控制、可组装、可拆卸的大规模综合应用与信息服务系统。

城市智能运行与管理是建立在智能平台和信息基础上的，并在此基础上形成融合市民数字生活、企业网络运营、政府整合服务的智能应用体系。智慧城市数据信息巨大，涉及政务、商业、生活等方方面面，一旦出现泄密等安全问题，将会给政府、企事业及个人造成不可挽回的损失。因此，智慧城市的信息安全问题不容忽视。

1. 智慧城市面临的网络安全问题

据电信部门估算，当前的安全问题中有接近 1/3 是云服务带来的新的安全问题，这些新问题主要集中在虚拟机层面上。许多传统安全问题在云计算时代也有了新的表现形式，危及程度更深，影响范围更大。

随着云计算逐步进入规模化发展，信息安全重心也从边界防护转向数据保护。云计算的出现使得传统的网络边界不复存在，信息的所有权和管理权分离，信息资产的非授权访问成为云计算系统的关键安全问题。云计算多租户环境、虚拟技术、动态性、数据迁移等综合因素导致数据安全和隐私保护面临更大挑战。

目前来看，引入云计算面临的风险包括两方面，一方面是信息安全的威胁。越来越多的组织和个人将信息存入云端服务器，规模化和集中化的云中海量信息在传输存储过程中面临着被破坏和丢失的安全风险。另一方面是云服务安全威胁。云服务汇集了大量计算机和网络设备，一旦被侵入就会给公共互联网安全带来巨大威胁。同时移动应用程序能够远程访问云服务，这意味着网络攻击有了更多的渠道。

结合现实状况与可预见的未来分析，智慧城市建设中所面临的信息技术安全危机将主要体现在以下几个方面。

（1）数据泄露与丢失：网络威胁的复杂性日增

大数据显示，2019 年企业安全最令人担忧的威胁便是伴随着恶意程序出现的数据泄露事件。据不完全估计分析，一个正常发展的公司发生一次数据泄露事件至少有 28% 的概率，恶意程序伴随的信息泄露占安全威胁的四分之一。因此数据传输安全成为人们日益关注的重点问题。

从一定程度上来说，数据泄露会导致大量衍生问题，因为大部分的泄露往往伴随着用户无意性、员工无意识的疏忽行为，至少造成 64% 的数据泄露事件，各种攻击手段引发的数据泄露事件仅仅只占的 23%。相比之下，不得不考虑内部人员的风险对数据泄露造成的巨大影响力。尽管恶意企图更加复杂，但这些往往需要攻击者具备很高的水平和能力。相比之下，内部人员的风险则更为直接。凡此种种成为影响信息泄露最为深远、危害程度最大、也是最常见的数据泄露方式之一，最常见的内部威胁形式便是如此。每年信息行业因为内部人员的疏忽行为导致信息泄露，最终影响数据传输安全的事件数不胜数。持续的恶意行为是指一些不怀好意的内部人员，为获取高回报、高收入不惜在犯罪边缘徘徊而泄露数据或者实施其他恶意行为。这些人的行为具有隐蔽性，因此会表现得更为复杂，也不易被发现，通过各种途径和方式最大限度地提高窃取数据的个人利益。所以危害程度也最为明显，并且泄露的信息都是关键信息，往往会给信息行业带来致命性的打击。

（2）移动终端：网络安全威胁的新集散地

在现代人的生活中，手机等移动终端已成为人与外部社会关联不可或缺的一部分。一些新型应用程序的开发和嵌入，正在使手机成为一种指向性工具。这些新型应用程序给手机等移动终端的未来创造了无限的可能，但同时也将相应的安全问题推上台面。

国外的实验结果显示，即便是安全控制级别较高的系统也存在安全问题。如利用 SIMON 技术和安卓应用程序 Plane Sploit 可以向飞机上的飞行管理系统发送信息，从而能够用一台安卓设备就可以成功地遥控劫持一架飞机。尽管实验是在虚拟环境下进行的，但这也说明飞行管理系统中存在严重的信息安全问题。

360 公司年报披露，2020 年，360 安全大脑共截获移动端新增恶意程序样本约 454.6 万个，环比 2019 年（180.9 万个）增长了 151.3%，平均每天截获新增手机恶意程序样本约 1.2 万个。同时，拦截钓鱼网站攻击 1006 亿次；手机卫士共为全国用户拦截恶意程序攻击约 52.8 亿次。

对抗恶意软件快速增长、演变带来的安全威胁，成为企业、个人的当务之急。据 360 发布的《2020 年度手机安全状况报告》显示，2020 年由于受到疫情的持续影响，网络授课、视频会议、远程办公、社区团购等线上消费场景的搭建，使得大众在毫无感知的情况下遭受恶意程序攻击的概率大大增加。全年对于恶意程序的"攻坚战"从未停止。

移动终端是未来智慧城市中重要的终端设备，是接入物联网、云存储、LBS 定位等服务的生活应用终端。在不久的未来，移动终端将具备更为丰富的功能，但由于信息分享的特性，其面临的安全威胁也更加严峻，且在较长的一段时间内尚难有妥善的解决方案。

（3）网络黑手对智慧城市建设中民生领域侵害加剧

在互联网时代，黑客入侵商业网络进行非法操作和牟利已经是一个普遍的问题。随着社会民生管理对网络平台依赖性的增加，不少非法分子正在利用新媒体信息技术的漏洞，通过篡改数据记录等手段，在更为广泛的民生领域中谋取利益。

在防御网络黑手入侵方面，商业领域已采取了一定的保护措施。百度、人人、腾讯、新浪、微软、阿里巴巴集团及支付宝、网易 7 家企业共同发起的互联网企业安全工作组，于

2013 年 4 月制定并公布了《互联网企业安全漏洞披露与处理公约》，其旨在 "帮助用户提高安全意识、交流技术，共享信息，充分发挥整体效应，通过行业协同，共同提高软件及服务安全性；共同保护广大互联网用户，防御网络安全威胁；共同推动业界合作，提升互联网安全"。而在更为广泛的民生和社会管理领域，网络安全防患体系尚未建立。

前瞻产业研究院预测，到 2022 年我国智慧城市市场规模将达到 25 万亿元，与此同时，我国网络安全市场仍在千亿元规模。随着智慧城市建设跟随数字经济转型的脚步逐渐加速，新的网络生态、新的攻击威胁随之出现，意味着网络安全防御需要进一步融入智慧城市建设中。

2. 未来的智慧城市身份认证系统

智慧城市的目的在于建设线上线下统一的个人与社会团体的办事和服务系统，涵盖政府、社会工作的方方面面，比如公司的设立与变更、社保的缴纳、出行信息的查询等。要保证智慧城市的信息真实有效，首要任务就是要保证办事人员或社会团体身份的真实性，身份认证自然成为智慧城市建设的基础和依赖。

当前智慧城市建设中，既有横向的应用，也有纵向的业务，既有使用密码口令的弱身份认证，也有使用 CA 证书的强身份认证。而即使是 CA 证书认证，也难以保证信息的真实可靠和行为的不可抵赖。

智慧城市的建设是与某一个城市或城市群相关联的，当前一般对自然人采用人脸识别技术，通过与公安部门的人口数据库比对进行身份确认，但无法实现数字签名；对社会团体，通过发放 CA 证书进行身份确认，造成不同智慧城市间认证系统不能互通互认，就像是办理工商银行业务需要工商银行的 USB Key，办理建设银行业务需要建设银行的 USB Key 的局面，给社会团体的社会活动造成不必要的困扰。

为实现整个社会活动的便捷、高效，降低社会成本，智慧城市建设基础数据必须统一标准，树立 "全国一盘棋" 的理念，实现全国基础数据的 "一张网"，尤其是身份认证系统，必须在 "智慧中国" 的引领下，建设全国统一的身份认证系统。

7.4　数字认证在金融业务中的应用

7.4.1　数字认证在金融业务中的应用背景

从 20 世纪下半叶起，以计算机和通信技术为核心的现代化信息技术在金融业得到广泛应用，极大地提高了银行业务的经营范围和服务能力，在推动现代经济发展的同时也改变了人们传统的经济生活和社会生活方式。我国的金融电子化建设始于 20 世纪 70 年代，在经历了 50 余年的发展进步后，已取得显著成绩，商业银行的综合业务处理、资金汇兑、银行卡等一系列应用系统也发挥着越来越重要的作用，自助银行、网络银行等新型金融服务项目不断涌现，一个综合性的多功能金融电子化体系已初步形成。

随着银行业务的快速及多元化发展，银行信息系统的基础设施已经跨越传统的局域网和广域网，其信息化和网络化程度提高了。尤其是我国加入 WTO 以后，银行之间的竞争不断加剧，各家银行在业务上不断创新并相继推出各种新的产品。

通过前面几章的介绍，PKI 基于非对称公钥体制，采用数字证书管理机制，可以透明地为网上应用解决上述各种安全问题，极大地保证了网上应用的安全性。由于 PKI 体系结构是目前比较成熟、完善的 Internet 网络安全解决方案，国外一些大的网络安全公司纷纷推出一系列的基于 PKI 的网络安全产品。美国 Verisign、IBM、Entrust 等安全产品供应商为用户提供了一系列的客户端和服务器端的安全产品，为电子商务的发展提供了安全保证，为电子商务、政府办公网、EDI、银行安全信息系统等提供了完整的网络安全解决方案。

在国外，大多数发达国家都建有国家级的 PKI 系统，应用于各个行业，形成一个有效的 PKI 信任树层次结构。在国内，随着电子政务和电子商务的发展，PKI 技术也将取得比较大的发展，在国家电子政务工程中已经明确提出要构建 PKI 体系，国家 PKI 体系总体框架在 2003 年提出来，到 2012 年，我国的电子政务信任体系建设已经取得的一定的成绩。网络信任体系的管理体制基本理顺；以 PKI 技术为核心的电子政务信任体系框架基本建立；电子政务网三重信任域内的电子政务信任体系已经初步建立。目前国内从事 PKI 研究的机构有信息安全国家重点实验室、国家信息安全基地、中科院软件所等。

近年来，各家金融机构为了加强信息传递和资金的安全，都在升级、优化自身的密押系统。如人民银行摒弃了传统的手工密押，采用密押服务器或密押卡；工商银行采用外置密押器的方式，实现营业网点自动编核押；建设银行采用在省级数据中心主机外置高速密押服务器方式，自动编核密押，保证支付信息传输、存储过程的安全。

7.4.2 数字身份识别在金融业务中的应用

目前应用较为广泛的数字身份认证技术主要包括数字证书及人脸识别技术，一般用于辅助金融机构进行非面对面业务的身份认证核实，有一些前沿的数字身份认证技术目前也在初步试用阶段。

1. 数字证书在银行中的应用

数字证书是由 CA 颁发给用户，采用数字签名技术，用以在数字领域中证实用户身份的一种数字凭证。其中 U-Key 认证是较为传统、应用较为成熟的数字身份认证技术之一，通过将数字证书写入移动存储介质，便于用户在任何时间、任何地点通过 PC 端接入 USB，用电子手段来证实用户身份和对网络资源的访问权限。

目前，绝大多数银行均有数字证书技术运用，主要应用在网银登录及资金转账环节。在登录环节，用户输入 U-Key 密码，密码验证与 U-Key 数字签名验证通过后，则允许登录，如图 7-18 所示。在转账交易环节，用户在完成交易密码验证后，检查数字证书的有效性，并要求用户二次确认，用户确认且 U-Key 数字签名通过后，渠道方通知主机将资金转出到支付系统。数字证书认证另一种比较普遍应用的形式为手机证书，用户通过手机银行 App 下载数字证书，通过密钥分散的方式在手机端和后台服务端分别保存一部分密钥，在交易时先在手机端进行签名，再在服务端进行分布式签名，验签成功后方可进入后续应用流程。

目前，较多银行与中国金融认证中心（CFCA）合作，引入其自主研发的快速安全身份认证系统 "FID+"，利用人体生物特征识别，结合密钥体系机制，完成登录、转账等可靠的安全身份认证。从实际使用情况来看，数字身份认证尚不能真正解决 "如何证明你是你" 的问题，目前大量案件显示，不法分子操控他人网络银行账户进行非法资金转移，利用的就是数字证书技术。

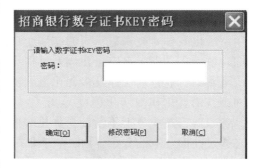

图 7-18　银行转账时的数字证书界面

2. 人脸识别在银行中的应用

目前运用较多的另一项数字身份认证技术为人脸识别技术。目前已有银行开始推行，人脸识别通过人像识别+光线活体检测综合处理，得出人脸审核结果，其中包括：①人脸图像识别，即用户上传视频信息，银行对视频图像进行处理得到用户人脸照片，通过专线网络和公安照片信息库进行比对。②光线活体检测，通过屏幕发射不同颜色和强度的光线，投射到面部并由摄像头接收，用深度学习算法和卷积神经网络从包含变化光线信号的视频中分析并推导活体判断所需的人脸 3D 和质感信息。运用光线活体技术能够抵御视频、高清 4K 屏、3D 模型、照片、合成等多种攻击方式，证实是否为客户本人，实现更有效的身份识别。

目前，部分金融机构人脸识别技术基于腾讯优图的人脸识别引擎，采用基于高维 LBP、PCA、LDA、联合贝叶斯、度量学习、迁移学习、深度神经网络等算法，进行亿级数据分析训练，创建 UFACE 深度人脸识别模型，识别准确率达到 99.65%（LFW）。在实际互联网金融场景测试，自拍-身份证缩略图对比错误率为 0.01%，通过率为 95%。五官配准，偏差小于 1.6 像素，接近人工水平。

人脸识别的应用场景基本归纳如下。

（1）柜面辅助核实身份

2015 年开始，一些银行陆续将人脸识别嵌入到柜面操作系统中，柜员单击"人脸识别"按钮后进入人脸识别界面，摄像头自动捕捉客户脸部特征，并将最优的客户脸部照片与联网核查照片进行比对，最后将人脸比对相似度展示给柜员参考，帮助柜员防范客户身份识别上的风险，如图 7-19 所示。根据招商银行反馈的资料显示，其柜面人脸识别在某分行上线首月，即协助柜员拦截伪冒开户案件 30 余起。目前柜面的人脸识别日均交易量约为 6 万笔。

图 7-19　柜面辅助核实身份

（2）远程视频柜员机（VTM）远程协助核实身份

通过在远程视频柜员机中嵌入人脸识别技术，协助远程座席判断客户身份。客户进入业务流程会首先用自动人脸识别技术进行识别，识别为活体且为同一人的，则无须再次进入人工视频核实身份，降低了远程座席的人力成本。技术上运用的是"视频流"的活体检测技术，无须客户做出指定动作，只须露出脸部即可识别出是否为活体，简化客户操作，提升了客户体验。图 7-20 所示为远程视频柜员机。

（3）ATM 刷脸取款

2015 年 10 月，招商银行首推 ATM "刷脸取款"业务，应用了人脸识别技术及活体检测技术，利用核心算法对人脸部的五官位置、脸形和角度进行计算分析。

（4）App 小程序人脸识别

一些银行的 App 也将人脸识别技术作为防控风险的手段，与风控平台对接，在系统判断为风险交易的过程中增加人脸识别身份验证，降低了风险案件的发生概率。在修改登录密码、手机号码等业务中，应用自动人脸识别技术，为原本无法正常办理业务的客户提供了一种途径，提升了手机银行的用户体验，如图 7-21 所示。同时，在关键交易中采用自动核实身份和人工核实身份相结合的模式，当业务要求人工核实身份或自动核实身份判断客户疑似本人时，可接入人工座席进行判断，并将人脸识别结果提供给远程座席参考。

图 7-20　远程视频柜员机嵌入人脸识别技术　　　　图 7-21　App 人脸识别

7.4.3　基于身份加密技术的电子支付

电子支付是指消费者、商家和金融机构之间使用安全电子手段，把支付信息通过信息网络安全地传送到银行或相应的处理机构，用来实现货币支付或资金流转的行为。

在传统支付中，银行和客户往往需要直接见面，支付过程中需要的信息传输手段往往也是多种多样的，如电话、传真、信件等。但是，电子支付是在虚拟的网络环境中开展的。人们在进行交易时，不需要考虑地域的概念，不论身在何处，都可以进行交易。在电子支付的交易过程中，交易对象从交易过程中分离出来，方便了交易各方，但是这种分离却带来了极大的安全隐患。例如，交易各方的身份是否真实？交易各方的通信是否安全？交易的结果是否具有效力？诸如此类的问题便会突显出来。

1. 电子支付的特点

与传统的支付方式相比，电子支付具有以下特征。

1）电子支付是采用先进的技术通过数字流转来完成信息传输的，其各种支付方式都是通过数字化的方式进行款项支付的；而传统的支付方式则是通过现金的流转、票据的转让及银行的汇兑等物理实体来完成款项支付的。

2）电子支付的工作环境基于一个开放的系统平台（即互联网）；而传统支付则是在较为封闭的系统中运作。

3）电子支付使用的是最先进的通信手段，如 Internet、Extranet；而传统支付使用的则是传统的通信媒介。电子支付对软、硬件设施的要求很高，一般要求有联网的微机、相关的软件及其他一些配套设施，而传统支付则没有这么高的要求。

4）电子支付具有方便、快捷、高效、经济的优势，用户只要拥有一台上网的 PC 或一部手机，便可足不出户，在很短的时间内完成整个支付过程。支付费用也仅相当于传统支付的几十分之一，甚至几百分之一。

2. 电子支付存在的安全问题

在网上交易过程中，买卖双方及银行都存在安全风险。

1）买方存在信用卡密码被窃或泄露导致资金流失的风险。

2）交易商家是虚假存在，导致买方已付款却收不到货。

3）卖方未能识别电子伪钞进而向不真实的买主交货，导致"钱货两空"。

4）银行存在向虚假商家兑现后买方因收不到货而拒付的风险。

为了规避风险，在电子支付的交易过程中，物流、资金流、信息流发生了分离。其中，资金流和信息流的可靠传输是前提，在此基础上，电子交易才有开展的可能，这就需要首先保障 Internet 上数据传输的安全性。除此之外，应该建立一套公认的、可信的身份认证体系，以保证参与电子支付各方身份的真实性。

3. 基于加密技术的安全支付体系

（1）基于 SSL 技术的支付体系

SSL（Secure Socket Layer，安全套接层）协议是为网络通信提供安全及数据完整性的一种安全协议，主要用来保障网上数据传输安全，包括服务器和客户认证、加密数据和 SSL 链路上的保护数据完整性。SSL 是对计算机之间整个会话进行加密的协议，采用了公共密钥和私有密钥两种加密方式。SSL 协议位于 TCP/IP 网络层和应用层之间，使用 TCP 来提供一种可靠的端到端的安全服务，它使客户、服务器应用之间的通信不被攻击窃听，并且始终对服务器进行认证，还可以选择对客户进行认证。SSL 协议在应用层通信之前就已经完成加密算法、通信密钥的协商，以及服务器认证工作，在此之后，应用层协议所传送的数据都被加密。

1）SSL 协议体系结构。

SSL 协议是 SSL 握手协议、SSL 修改密文协议、SSL 警告协议和 SSL 记录协议组成的一个协议族，其体系结构图如图 7-22 所示。从图中可以看出，SSL 协议是由两层构成的。一层是处于传输控制协议 TCP 上层的 SSL 记录协议，作用主要是提供机密性和数据完整性服务，并为上层协议提供数据处理支持。另一层是处于 SSL 记录协议之上的三个协议，分别是 SSL 握手协议、SSL 密文修改协议和 SSL 警告协议。SSL 握手协议的作用是使客户与服务器双方进行身份鉴别、协商具体的 MAC 算法和加密算法、协商加密的密钥等。客户和服务器端分别通过

应用层协议		
SSL握手协议	SSL修改密文协议	SSL警告协议
SSL记录协议		
TCP		
IP		

图 7-22　SSL 体系结构

SSL 密文修改协议通知对方，其后将通过新协商好的加密套件进行密钥保护和报文传输。SSL 警告协议主要用来向通信对方报告警示信息。

2）基于 SSL 技术的交易流程。

- 买方提交订单信息和支付信息给商家。
- 商家验证信息后，将支付信息经过签名和加密，转发给银行的支付网关。
- 支付网关将加密信息解密后转发给银行。
- 银行确认客户信息的有效性后，向商家返回授权结果。
- 商家将支付结果返回给买方，交易完成。

3）SSL 协议在运行中存在的问题。

- 只保证整个交易的货币收付，买方付款和商家收款，不能保证商家是否发货以及货物是否符合质量标准。
- 操作复杂，成本高，涉及主体多，难以协调。
- 对交易过程中的相关数据不留存，各方出现摩擦时没有证据可依。

（2）基于 SET 技术的支付体系

SET（Secure Electronic Transaction，安全电子交易）协议的核心包括数据加密、数字签名、安全证书、电子信封等，为银行、商家和消费者提供身份认证，可以保证交易的不可否认性、交易数据的完整性等功能。

1）基于 SET 技术的交易流程。

- 买方向商家提交购买请求，包含订单信息和买方签名加密的支付信息。
- 商家将支付信息发给支付网关，支付网关验证商家身份后，将支付信息发给收单银行，提出交易授权请求。
- 收单银行解密后请求发卡行对买方身份信息审核，发卡行确认，返回支付授权结果。
- 商家提交清算请求给支付网关，支付网关将资金清算结果返回给商家，交易完成。

如图 7-23 所示，在此交易流程中，买方的订单信息和个人支付信息分离，商家只能获得订单信息，保护了买方的账户信息。所有参与交易的成员（买方、商家、支付网关等）必须先通过申请数字证书来识别各自身份的合法性，商家通过数字签名技术避免遭受欺诈，运营成本降低。对消费者而言，保证了商家的合法性，用户的支付信息不被窃取，保护了消费者更多的隐私。

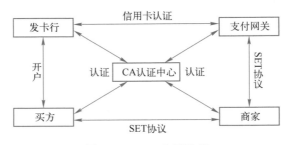

图 7-23　SET 交易流程

4. 两种支付安全协议的对比分析

（1）交易功能方面

SSL 和 SET 两者具有不同的功能。在电子商务体系中，SSL 是一种基于传输层的技术规范，作用是传输。SET 是基于应用层的技术规范，它具有服务性质和商业性质，并保证了商务活动的集成性和协调性，显然，SSL 协议不具备 SET 协议在应用层的这些功能。

（2）系统负载方面

由于 SET 协议交易过程烦琐，因此它的服务器负载相对较重。SSL 协议的电子交易过程相对简单，服务器负载较轻。

基于 SET 协议的交易的推广比较缓慢。主要原因在于：①SET 比 SSL 复杂度高，要进行多次的数字签名，对数字证书进行验证，对数据加/解密较复杂等，所以成本要比 SSL 高，处理速度也因此变慢，使用它的服务器负荷重；②用 SET 要比 SSL 代价高；③目前 SET 相关产品较少且不太成熟；④一个限制是 SET 只支持 B2C 模式而不支持 B2B 模式，且客户必须申请"电子钱包"类的工具。由于 SET 实现的交易过程烦琐和成本高等因素，因此 SET 比 SSL 的普及率比低，但由于其安全性的优越，在可预见的未来，商家支持 SET 支付方式应会更多。

7.5　数字认证在智慧教育中的应用

7.5.1　数字认证在数字化校园中的应用

数字化校园是以网络为基础，利用先进的信息化手段和工具，实现从环境（包括设备、教室等）、资源（如图书、讲义、课件等）到活动（包括教、学、管理、服务、办公等）的全部数字化。在传统校园的基础上构建一个数字空间，拓展现实校园的时间和空间维度，提升传统校园的效率，扩展传统校园的功能，最终实现教育过程的全面信息化，从而达到提高教学质量、科研和管理水平的目的。

当前数字化校园建设在高校已经取得了很大的成果，但是在具体应用过程中还存在有关安全方面的问题。

1）利用一组随机或有序的字符序列作为应用系统的登录账号和密码是当前比较通用的身份验证方式，由于其在一定程度上具有简单易操作、成本低廉、维护方便的特点，因此得到广泛应用，特别是在网络范畴日益扩大的今天，已经成为一种主流的身份验证方式。但是随着计算机运算能力的不断提高，盗号程序和密码破译程序层出不穷，再加上用户安全意识因人而异，使得这种身份验证方式的安全系数正逐步减低。

2）大量的敏感数据（如财务数据、学生成绩数据等）需要特殊的保护措施，明文传递存在安全隐患。随着学校数字化校园建设不断推进，大量核心、机密的数据和业务正逐步囊括到数字化校园之中，其中比较有代表性的是用于财务网上展示和工资代发的财务信息网络查询及工资外收入管理系统的建设，使得个人工资、部门经费、科研经费等具有一定保密性的数据可以在网上分权限查询，一方面方便了广大师生的工作生活，另一方面对身份识别、权限识别、数据和业务安全提出了更高的要求。

3）作为高校信息化的一部分，学校各种核心的对外展示窗口（如学校主页、本科生招生网、研究生招生网等）需要加强保护，防止被肆意篡改。对于高校来说，学校主页、各二级部门主页、本科生和研究生的招生就业主页，是社会认识学校的主要途径，是学校的对外窗口，保证这些数据的安全刻不容缓。

4）教育部提出的安全等级保护要求，对发展高校数字认证服务体系提出了迫切需求，也提供了发展契机。从 2010 年开始，教育部办公厅开始敦促各高校对所有应用系统进行安全等级保护，使得高校数字认证服务成为一种趋势。

2019 年 5 月 13 日，《信息安全技术网络安全等级保护基本要求》（GB/T 22239-2019）（以下简称等保 2.0）正式发布，我国的网络安全保护标准体系正式进入到等保 2.0 阶段。等保 2.0 的防护体系对智慧校园的网络安全保护体系是一次全面的提升，为智慧校园的网络安全保护从"被动防御+应急响应"向"主动防御+持续响应"的切换。

1. 统一身份认证的必要性

统一身份认证是指将众多应用系统纳入统一用户管理平台之中，实现单点登录，在众多系统中一个用户使用一个口令进行身份认证的系统。统一身份认证是数字校园的数据基础，在数字校园建设中必不可少。统一身份认证系统对数字化校园实现用户基础数据统一管理、用户身份统一认证和针对用户角色的统一授权有重要意义。

目前，大部分数字化校园已建成和正在建设的各应用系统之间的身份认证和权限管理存在的问题逐渐暴露出来，主要包括以下几个问题。

（1）给使用者带来的不便

教育网内各应用系统由于开发时间的不同，应用推广使用程度不同，对于使用频率较低的，使用者对系统登录地址甚至个人信息都有遗忘现象。各应用系统独立运行，用户登录系统使用的认证机制也不同，用户登录不同平台时，要多次输入用户名、密码，操作烦琐，也不便于记忆；各应用系统缺乏统一的授权管理，权限控制上比较随意，极易造成注册用户个人信息泄露等安全隐患。

（2）给管理者带来不便

各系统的授权并未严格分级，如互动教研系统，各管理者均使用一个管理用户登录，导致出现问题时责任不明，不便于问题的解决。

2. 统一认证平台在数字化校园过程中的作用

用户统一认证系统为数字化校园提供基础数据，并在用户登录各系统前进行用户合法性的确认，登录后分别授权。该系统为由延庆教育委员会及下属几十个学校、直属单位组成的教育系统，提供用户合法性认证和多个应用系统授权服务。不仅可以对现有延庆教育网、资源网、新课程中心、社会大课堂等应用系统进行认证接口的升级改造，将其接入新的认证系统内，还可以满足如互动反馈平台、家校互动平台、视频会议系统等正在开发的新应用系统对身份认证接口提出的要求，并为新应用系统对接到统一身份认证系统提供无缝的服务。

统一身份认证无论对用户本身，还是对管理者都起着至关重要的作用。

（1）对用户的作用

具有良好的通用性，使用户在入网时一次登录即可访问被授权的所有系统。虽然各个应用系统的开发时间和使用技术不同，并且分别运行在不同的平台上，但统一认证平台可以做到统一登录和授权。系统根据用户性质对权限进行分级，能够做到对用户个人信息、资源信息的有效保护。统一认证系统为学校已经建设、正在建设和将要建设的软硬件平台提供用户数据，学校在今后的信息化建设不仅可以省去管理模块，还降低了系统维护成本。

（2）对系统维护人员的作用

统一身份认证系统是数字化校园正常运转的基础数据平台，开发过程中会采取有效措施提升该系统的安全防护功能，确保整个数字校园系统的安全稳定运行，使认证系统具有高度的稳定性和安全性。统一身份认证系统保障系统管理员开展用户认证以及授权，将用户数据、用户角色和用户权限分别管理，并在它们之间建立对应关系，既能保证用户数据独立，又能对用户的网络访问权限进行灵活配置，为教育系统提供完善而细致的权限管理。

（3）对上级管理部门的作用

统一认证平台为上级管理部门全面部署和决策教育信息化工作提供便利，建成后可以为新系统提供用户认证功能，降低经济、人力投入。统一认证平台还提高了师生用户个人数据安全性，降低了用户数据泄露带来的安全风险，为上级管理部门信息化工作的安全有序开展提供保障。各自运行、独立认证的学校、业务领域的信息系统有了统一的数据、角色访问控制，使教育资源得到合理、高效利用。

在数字校园大环境下，建设统一认证平台对信息化建设十分必要。统一认证平台通过建设统一的用户数据库、用户认证系统、角色权限分配系统、应用分配系统，解决了用户以往在使用平台过程中多次身份认证的问题，保证了用户数据统一，完备的审计功能有效地保证了用户的数据信息安全，对用户、学校、信息中心以及上级管理部门在使用和管理上都带来方便。

7.5.2　基于数字证书的教育云可信实名身份认证和授权

云计算在教育领域中的迁移称之为"教育云"，是未来教育信息化的基础架构，包括教育信息化所必需的一切软硬件计算资源。这些资源经虚拟化之后，为教育机构、教育从业人员和学员提供一个良好的平台，该平台的作用就是为教育领域提供云服务。教育云通过一个统一的、多样化的平台，教育部门、学校、老师、学生、家长及其他与教育相关人士能以不同角色进入该平台。在这个平台上融入教学、管理、学习、娱乐、交流等各类应用工具，让"教育真正地实现信息化"，扩展了教育深度、扩大了教育范围，促进了学习方式转变和提高学校信息化管理能力。在此背景下，教育云平台的安全问题就显得尤为重要。

教育云服务平台需要在内容安全、数据安全与行为安全三个层次上提供安全保障。第一个层次是实现教育云内容安全，即确保教育云中用户产生内容的合法性与健康性，为教育云中的内容管理提供强有力的技术支撑；第二个层次是实现教育云数据安全，即对教育云中存储的大量用户个人信息进行有效保护；第三个层次是实现教育云行为安全，即将个体和群体对象作为关注重点，对恶意使用教育云资源，破坏共享规则，攻击或阻碍其他用户正常使用教育云服务的行为进行有效监听和管控。

基于数字证书的可信实名身份认证和授权技术是解决上述数据安全和行为安全的有效技术手段。

1. 教育云身份认证和授权管理需求分析

（1）风险及安全隐患

教育云服务框架内包括内外网及资源的跨网络调用，不同级别人员对应不同的操作权限，类型相对复杂，存在多种应用隐患。

1）用户访问权限控制力度弱，任何人拥有有效的 IP 地址，就可以随便访问教育云资源。

2）教育云资源网络虽然从安全角度划分了多个区域，但各区域间缺少安全边界，用户访问区域没有进行细分控制。

3）教育云资源平台涉及很多敏感信息（如学生及老师的身份信息等），如果不采用相关控制手段，任何人都能通过网络获取这些信息。

4）管理员在进入教育云平台的时候如果没有强身份认证，那么将给平台的管理带来较大的安全风险。

（2）应用需求分析

身份鉴别和访问管理要贯穿物理安全、网络安全、主机安全、虚拟化安全、应用安全，在每个层次都需要对用户的访问进行身份鉴别，对其访问权限和可操作内容进行有效的管理，在网络层、主机层、应用层甚至多个应用之间可以实现统一认证。

1）采用基于国密算法的强身份认证。包括基于 PKI 技术的数字证书认证方式，持密码口令、硬件信息的认证方式。

2）SSL 隧道加密。认证阶段和数据传输阶段均支持国密算法的加解密，高强度传输链路加密，具有较高的安全性。

3）权限策略控制。面向用户的动态授权机制，管理人员、操作人员、访问用户各有其权限，根据用户的不同身份来确定其网络接入权限，支持白名单。

4）统一行为审计。面向用户的行为、管理员的行为和业务系统进行行为审计，结合审计设备提供接入用户行为的全方位监控、追踪审计和流量统计的解决方案。

2. 身份认证和授权管理系统构架及业务流程

身份认证和授权管理系统依托第三方机构的接入认证体系，为教育云服务平台管理用户提供统一的身份标识和认证功能。从每个用户连接到网络开始，进行网络实名与用户之间的一对一映射，依据授权属性和访问控制策略对用户访问请求进行判定和控制，实现对管理用户接入和使用的监控及审计，保证合法用户正确、安全、便捷地享受教育云平台提供的服务。

（1）系统构架

在教育云服务平台的前端部署网络实名接入网关和网络实名接入控制系统，实现从网络层的接入控制到应用层的用户身份管理等统一身份认证和授权管理的功能。主要包括集中认证管理，提供高强度的数字证书、动态口令到低安全性的静态口令等多种认证方式；集中用户管理，提供用户的全生命周期管理、用户分组管理、角色管理和身份源管理；集中证书管理，利用证书注册服务和电子密钥管理技术，结合集中用户管理，实现用户证书申请、审批、核发、更新、吊销等全生命周期的管理；集中审计管理，提供用户管理、认证和上/下线的审计信息，以及应用系统、网络设备的审计管理。另外，与应用系统内部的授权管理系统相结合，实现用户的集中授权管理，配置合理的策略规则，基于角色进行访问控制，在平台内实现对用户集中、灵活授权和访问控制管理，提高系统管理效率。

本方案的逻辑架构如图 7-24 所示。

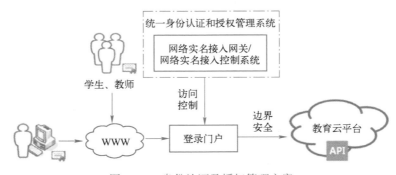

图 7-24　身份认证及授权管理方案

（2）系统部署

本方案将网络实名接入网关设备部署在用户接入层，识别请求接入网络的用户身份，实现网络接入控制。网络实名接入控制系统部署在应用服务域，实现身份认证和接入管理。当管理用户发起访问请求时，请求将被转发给实名接入网关，网关对用户身份进行审核认证，将认证成功的信息通过调用登录门户的相关接口传递给应用系统，允许用户进入云平台。

（3）业务流程

网络实名接入的工作流程分实名认证和网络接入两个阶段。实名认证阶段是通过数字证书进行的，目的是获得终端的以太网 IP，并建立一个唯一的 SESSION-ID。实名认证阶段结束后，就进入了网络接入阶段。在网络接入阶段接入网关打开该终端对受控域的网络连接，允许该用户访问受控资源。网络实名接入的具体流程如图 7-25 所示。

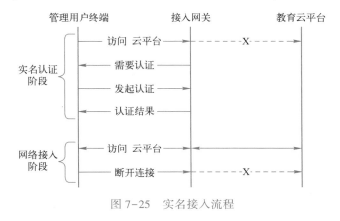

图 7-25　实名接入流程

实名认证阶段：该阶段完成后接入网关会为终端建立一个 SESSION-ID 来对应终端的以太网 IP，该阶段包括四个步骤。

1）管理用户使用 Web 浏览器请求访问教育云平台，接入网关判断该用户是否进行过认证，若是未经过实名认证的用户，接入网关将阻断其对云平台的网络连接。

2）接入网关将管理用户浏览器重定向到登录认证 Portal 服务认证页面，要求用户进行认证。

3）管理用户使用数字证书发起实名认证，Web 浏览器中嵌入了证书应用的客户端接口，将客户签名提交到登录认证 Portal 服务。

4）登录认证 Portal 服务验证客户端签名和客户证书的有效性，并到认证管理系统中检查此用户的接入策略。当认证通过后，接入网关会为此用户终端建立一个唯一的 SESSION-ID，并记录 SESSION-ID 和终端以太网 IP 的对应。最后将 SESSION-ID 返回给用户终端的 Web 浏览器。

在实名认证阶段采用 PKI/CA 技术确保安全性，将数字证书应用到网络实名接入过程中。数字证书应用组件由客户端接口和服务端接口两部分组成，分别为网络实名接入网关系统的客户端和服务器端提供相应的安全服务。

网络接入阶段：当管理用户终端接收到认证通过的结果后再去访问教育云平台时，实名接入网关便开通网络连接，允许用户直接访问云平台。在网络接入阶段的任何时候，用户可以一直保持网络接入状态。

事实证明，教育云基础平台建设和运营均需要符合信息绿色安全管理的要求，从物理、网络、系统、数据及应用各个层面，建立完善、可靠、绿色的安全保障体系，确保教育云虚拟化平台及管理系统的安全。在安全保障的每个层次都需要对用户的访问进行身份鉴别，对其访问权限和可操作内容进行有效的管理。基于数字证书的可信实名身份认证和授权技术是保证数据安全和行为安全的有效技术手段。

7.6 数字认证在电子政务中的应用

电子政务（E-Government）是指政府运用现代计算机和网络技术，将其承担的公共管理和服务职能转移到网络上进行，同时实现政府组织结构和工作流程的重组优化，突破时间、空间和部门分隔的制约，向社会提供高效优质、规范透明和全方位的管理与服务。电子政务是一种新型的政府管理模式，它为信息时代的政府治理提供了较好的范式。

随着电子政务的发展，电子政务的信息安全越来越受到社会的关注。电子政务信息安全主要包括以下几方面内容。

- 真实性：保证用户所声明的身份和传输的信息是真实的。
- 完整性：保证信息不被破坏，防止信息在传递和存储过程中发生不被确认的改变。
- 可控性：能根据用户身份的不同来控制对信息资源的访问权限。
- 机密性：保证信息不被非授权泄露，包括存储和传输机密性。
- 确认性：建立责任机制，使任何实体为其对信息所进行的任何操作承担责任。

近年来，电子政务在各国政府的实际工作中已发挥越来越重要的作用。然而，电子政务在给政府和社会带来高效率和友好服务的同时，也带来了风险和责任。为了保障政府的管理和服务职能的有效实现，必须建立电子政务安全系统。电子政务系统中的安全体系涉及物理安全、网络安全、信息安全以及安全管理等多方面。

1. 电子政务的安全

电子政务是应用现代化的电子信息技术和管理理论，对传统政务进行持续不断的革新和改善，以实现高效率的政府管理和服务。其内容十分广泛，主要包括 G2G、G2B、G2C。

电子政务系统信息安全的宗旨就是在充分考虑信息安全风险的前提下，确保政府部门能借助系统有效完成法律所赋予的政府职能。电子政务系统必须实现如下的信息安全目标：①可用性目标，即确保电子政务系统有效率地运转并使授权用户得到所需信息服务。②完整性目标，包括数据完整性和系统完整性。③保密性目标，指不向非授权个人和部门暴露私有或者保密信息。④可记账性目标，指电子政务系统能如实记录一个实体的全部行为。⑤保障性目标，是电子政务系统信息安全的信任基础。

电子政务信息系统的安全取决于特定社会环境、技术环境和物理环境等环境因素。

社会环境的威胁主体分个人、组织和国家三个层次。主要破坏手段如下。

- 正常服务中断、停止：即通过破坏系统中的硬件、物理线路、软件攻击系统的可用性。
- 篡改数据：即通过删除、增加、修改系统中的数据内容，修改消息次序、时间以破坏系统的完整性。
- 非授权用户窃取：即非授权用户企图获取保密资料，破坏系统的机密性。
- 伪造：假冒通信一方的身份发送信息，即破坏系统的真实性。

以上存在的安全问题，很大程度上来源于信息系统技术上和管理上的缺陷。典型的缺陷和安全隐患如下。

- 缺陷或漏洞：在初期设计进程中，信息系统中各组成部分和整个网络由开发人员自身的素质与设计疏忽导致。
- 后门：在初期开发系统过程中，开发人员为了方便后期维护，在各种软硬件中留下可供获得软硬件设备标识信息或进入系统控制信息的特殊代码。
- 物理环境恶化：指系统物理基础的支持能力下降或消失，包括电力供应不足或中断、电压波动、静电或强磁场的影响及自然灾害的发生等。

基于上述技术与物理环境的威胁和缺陷，电子政务在发展过程中出现了很多安全问题，主要有以下几方面。

1）网络安全域的划分和控制问题。

2）内部监控、审核问题。

3）电子政务的信任体系问题。

4）数字签名问题。

5）电子政务的灾难响应和应急处理问题。

只有解决了这些问题，才能使我国电子政务进程平稳前进，真正为强国富民发挥应有的作用。

在最近几年中，关于政府服务和活动的重要信息已逐渐可以从因特网上获得。随着电子政务的迅速发展，政府机构的运作方式有所变化。正在寻求电子政务如何去促进公众以及商业活动与政府之间的交互，并通过对 IT 资源的应用来提高政府的办事效率和效力。然而，人们期望电子政务能够包括更多的服务，而不仅是信息的电子发布，它还应包括政府部门所提供服务的在线应用，如文件的归档和应用、税务的征收以及商品的采购等。

改善由电子政务提供服务的同时，也必须面对某些威胁、风险和不利条件。许多政务服务涉及将敏感的个人信息通过网络进行数据传输，敏感的信息和事务处理需要更强的安全保证，电子政务中的焦点问题之一也是信息安全。

由此可见，电子政务系统迫切需要建立能够解决信息资源安全的可行性方案，为政务活动建立安全平台。目前，唯一能够全面解决信息资源安全问题的可行性方案是公开密钥基础设施 PKI 技术。

原有的单密钥加密技术采用对称型加密算法，网络传输中的数据不可避免地出现安全漏洞。而 PKI 采用非对称的加密算法，即由原文加密成密文的密钥不同于由密文解密为原文的密钥，以避免第三方获取密钥后将密文解密。PKI 体制克服了网络信息系统密匙管理的困难，同时解决了数字签名问题，并可用于身份认证，可以较好地解决电子政务信息的安全传输问题。PKI 通过管理密钥和证书，为用户建立了一个安全的网络运行环境。

电子政务安全中涉及的数字证书认证中心 CA、审核注册中心 RA、密钥管理中心 KM 都是组成 PKI 的关键组件。

2. PKI 在电子政务中的安全解决方案

电子政务的实施使得政府事务变得公开、高效、透明、廉洁和信息共享，与此同时，也使得政务信息系统安全问题更加突出和严重，影响电子政务信息系统功能的发挥，甚至对政府部门和社会公众产生危害，严重的还将对国家信息安全乃至国家安全产生威胁。因此，建立安全策略是电子政务实施中的重要环节。

鉴于电子政务是政府内部部门之间、跨部门，以及政府部门与企业或个人的交互模式，具有类似申报和审批事务时交换信息的身份认证和保密要求，其在线方式需要有一个坚固可靠、安全、可管理的安全平台。因此传统的限制外界访问重要信息和资源的安全系统已无法满足，电子政务需要一种经授权后即可访问政府机关的资源和应用软件的安全体制。无论它们是电子化申请/注册，还是在线公务以及电子化政策的制定，都需要引入保密性、完整性、不可否认性和鉴权性。为了达到这个目的，构建 PKI 是目前一个较好的选择。在 PKI 中，公钥证书将保证数据的不可否认性和鉴权性；公钥/私钥的交叉使用将保证数据的机密性；数字签名将保证数据的完整性、不可否认性。因此，PKI 技术正在越来越多地被运用到电子政务应用中去。

根据电子政务的安全需求特点，可有如下基于 PKI 的安全解决方案。

（1）身份认证服务

目前在网络中比较常用的是基于口令的认证方式，这是一种弱认证方式，口令在网络传输的过程中极易被窃取和破译，不适用于安全性较高的场合，而且其认证是单向的，浏览器不能对服务器进行认证。安全电子政务系统通过使用由 CA 颁发的数字证书，结合对应的私钥，完成对实体的单向或双向身份认证，克服了传统口令认证的弊端，可大大提高身份认证的安全水平。

（2）信息保密性服务和数据完整性服务

在网络上传输的敏感及机密的信息和数据有可能在传输过程中被非法用户截取或恶意篡改，电子政务系统使用 PKI 技术来提供信息保密服务和数据完整性服务，保证交互信息的机密性和数据的完整性。一般系统由客户端和服务器端两部分组成，客户端和服务器端分别与浏览器和 Web 服务器协同工作，它们之间通过互相验证数字证书建立安全数据通道，通过 PKI 体系下的高强度加密技术，对敏感信息进行加密和解密，并进行完整性检验。

（3）不可否认服务

在电子政务中，要真正实行无纸化办公，很重要的一点是实现电子公文的流转，而在这个过程中，数字签名的使用则非常重要。通过为客户端安全软件和服务器端安全软件增加数字签名功能可提供不可否认服务。被签名的文件是用户用自己的私钥对原始数据的 Hash 摘要进行加密所得的数据，信息接收者使用信息发送者的公钥对附在原始信息后的数字签名进行解密后获得 Hash 摘要，并通过与自己用收到的原始数据产生的 Hash 摘要对照，便可确信原始信息是否被篡改。

由于 PKI 技术是基于公钥密码体制的，它适用于无边界、无中心、用户间平等但不可信的 Internet 开放式网络环境中。涉密网是一个封闭的、用户间可信但不平等的环境，利用对称密码体制就可以维持涉密系统的稳定性、可靠性和有效性，它对公钥密码体制的需求并不明显。因此，目前对于在我国的涉密网络中应用 PKI 技术应该认真对待、积极研究、慎重实施。

7.7 项目 12 理解和绘制智能家居物联网系统认证过程

实训目的：理解智能家居互联网系统认证过程。

实训环境：Windows 7 及其以上操作系统、Visio 2007 及其以上。

项目导读

智能家居发展初期，无线连接多采用蓝牙和 ZigBee（也称紫蜂，是一种低速、短距离传输的无线网上协议，底层是采用 IEEE 802.15.4 标准规范的媒体访问层与物理层）。但 Wi-Fi 的认证范围普适性强，现已成为主流，故系统选择 Wi-Fi 作为运行环境。在安全性方面，主要关注点对点通信的安全性认证。家庭内部由网关和连接网络的物联网设备组成。移动设备只要访问网关，用户即可控制系统。网关融合物联网设备和安全机制帮助设备之间进行认证，每个设备都只能与网关连接。用户控制系统时，设备的信号可通过网关发送给另一个设备，如图 7-26 所示。

物联网中的认证很重要，智能家居也是如此。本系统采用双向认证协议，网关和新设备之间产生预共享密钥，如图 7-27 所示。此协议使用椭圆曲线密码，密钥安全级别高，预共享密钥的时候它会产生额外的系统公用密钥以保证系统安全。

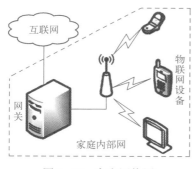

图 7-26　家庭网络图

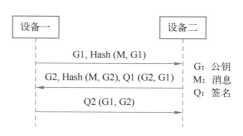

图 7-27　系统认证过程

系统运行初始，物联网设备未连接网关，用户可通过 Wi-Fi 连接网关，之后是认证过程。认证包括两部分，一是在移动设备和物联网设备之间，二是在物联网设备和网关之间。前者是为了设备共享网络认证凭证，后者是为后续通信做准备。

移动设备与物联网设备之间的认证过程如下：首先用户将物联网设备的 ID 和密钥存储到移动设备，之后用户打开物联网设备，连接 Wi-Fi 并开始与移动设备认证；待到所有设备完成认证，移动设备给物联网设备发送网络通行证。而物联网设备与网关之间的认证过程则是先将物联网设备信息存储到网关，并且网关认证条件是 ID 和密钥。完成认证后，双方产生的密钥可为之后的通信做准备。每个设备只需要存储一个密钥就可以和网关通信，减少了物联网设备的存储负担。在系统进行认证的同时，家庭网络中的设备可以将设备可控的动作发送给网关，形成事件列表。用户使用移动设备访问网关时可见到所有设备控制选项，并设定不同设备的操作。

家庭网关可用带有 Wi-Fi 收发模块的"树莓派"或者带有 ESP8266 芯片的 Arduino Due 单片机来实现。系统中的智能设备（如安卓手机）需要安装应用，以便用户输入设备 ID 和预共享密钥来添加新设备。AllJoyn 框架是实现此系统的基础，它是 AllSeen 联盟开发的开源物联网框架，可以支持多种设备和不同的操作系统，并且不同的平台有不同的软件组件，开发方便。

项目内容

1）使用 Visio 流程图工具，绘制导读中的系统认证过程。

2）用自己的理解描述系统认证过程。

7.8　项目 13　理解和绘制 ACK 方式的身份加密解密通信流程

实训目的：从 ACK 原理的角度理解通信加密解密流程。

实训环境：Windows 7 及其以上操作系统、Visio 2007 及其以上。

项目导读

ACK（Acknowledge Character，确认字符）是在数据通信中接收站发给发送站的一种传输类控制字符，表示发来的数据已确认接收无误。在 TCP/IP 中，如果接收方成功地接收到数据，那么会回复一个 ACK 数据。通常，ACK 信号有自己固定的格式、长度大小，由接收方回复给发送方。ACK 在三次握手中用到，三次握手的过程如图 7-28 所示。

1）第一次握手。建立连接时，客户端发送 SYN（Synchronize Sequence Number 同步序列编号）包（seq=j）到服务器，并进入 SYN_SENT 状态，等待服务器确认。

2）第二次握手。服务器收到 SYN 包，必须确认客户的 SYN（ack=j+1），同时自己也发送一个 SYN 包（seq=k），即 SYN+ACK 包，此时服务器进入 SYN_RECV 状态。

3）第三次握手。客户端收到服务器的 SYN+ACK 包，向服务器发送确认包 ACK（ack=k+1），此包发送完毕，客户端和服务器进入 ESTABLISHED（TCP 连接成功）状态，完成三次握手。

完成三次握手后，客户端与服务器开始传送数据。类似地，以 ACK 的方式进行数据的通信加解密双方通信协议。加解密通信流程如图 7-29 所示。

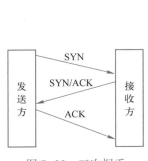

图 7-28　三次握手

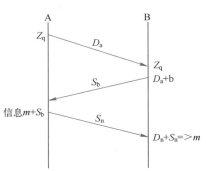

图 7-29　加解密通信流程

1）当通信发起方 A 想要给 B 传送一个加密信息 m 时，通信发起方 A 首先会随机从双方约定信息库 Z_q 中选取信息 a，生成本次通信中的解密参数 D_a，并将该参数发送至通信接收方 B。

2）通信接收方接收到解密参数 D_a 后，随机从信息库 Z_q 中选取信息 b，生成本次通信中的加密参数 S_b，并将该参数发送至通信发起方 A。

3）通信发起方 A 收到对应的加密参数 S_b，按照相应的加密算法对信息 m 进行加密得到 S_m 后，发送至 B 处。

4）通信接收方 B 接收到 A 发送过来的加密信息 S_m 后，通过解密参数 D_a，按照相应的解密算法得到信息 m，结束一次通信过程。

项目内容

1）使用 Visio 流程图工具，绘制导读中的加解密通信流程。

2）用自己的理解描述系统认证过程。

7.9　巩固练习

一、选择题

1. 电子交易协议是（　　）。

A. SET　　　　　　B. X.509　　　　　　C. PKCS　　　　　　D. SPKI

2. 关于 PKI 技术所能解决的问题，以下说法错误的是（　　　）。

    A. 通过加密解密技术来解决信息的保密性问题

    B. 通过签名技术来解决信息的不可抵赖性

    C. 能解决信息的完整性不被破坏

    D. 能提高并发下的 Web 服务器性能

二、判断题

1. 数字签名技术是网络环境中进行公文签发、项目审批等流程必不可少的技术手段。

                                                   （　　　）

2. 用户自己的密钥对，只能由自己生成。　　　　　　　　　　　　（　　　）

3. 数据加密技术可以通过对电子文档进行数字签名，来保证文档不被篡改，一旦被篡改，可以马上检查出来。　　　　　　　　　　　　　　　　　　　　　　（　　　）

4. 对文件进行数字签名和验证签名一方面可以确认文件发送者的身份，另一方面也可以保证文件的完整性且不被篡改。　　　　　　　　　　　　　　　　　　（　　　）

5. 认证作为信息安全基础设施之一，为互联网上用户身份的鉴别提供了重要手段。

                                                   （　　　）

6. 利用 PKI 体系进行身份认证是一种先进和通行的身份认证手段，而且 PKI 体系除了能实现身份认证功能之外还能提供数据加密、数字签名等多种功能。　　（　　　）

7. IE 浏览器不支持 PKI。　　　　　　　　　　　　　　　　　　　（　　　）

8. CA 必须公开自己的公钥，用户才能验证其他订户证书的真实性。　（　　　）

参 考 文 献

［1］董贞良．密码算法应用及国际标准化情况［J］．金融电子化，2018（10）：54-55.

［2］苏吟雪，田海博．基于 SM2 的双方共同签名协议及其应用［J］．计算机学报，2020，43（04）：701-710.

［3］方轶，丛林虎，邓建球，等．基于 FPGA 的 SM3 算法快速实现方案［J］．计算机应用与软件，2020，37（06）：259-262.

［4］殷明．基于标识的密码算法 SM9 研究综述［J］．信息技术与信息化，2020（05）：88-93.

［5］吴震，白健，李大双，等．基于 SM4 算法的白盒密码视频数据共享系统［J］．北京航空航天大学学报，2020，46（09）：1660-1669.

［6］刘继明，高丽娟，卢光跃．基于 SIP 的 VoIP 身份认证与加密系统［J］．西安邮电大学学报，2016，21（04）：14-18.

［7］黄文超，张威，葛琳琳，等．基于数字水印和模式恢复的语音认证系统［J］．辽宁石油化工大学学报，2020，40（01）：91-96.

［8］诸葛晶，丁国仁，沈纯吉．"互联网+"时代的创新型语音业务探索［J］．电信技术，2019（06）：27-29.

［9］陈舒．基于区块链的加密数字货币审计研究［J］．会计之友，2020（14）：157-160.

［10］黑一鸣，刘建伟，管晔玮．基于区块链的身份信息共享认证方案［J］．密码学报，2020，7（05）：605-615.

［11］齐晋维．智能家居系统物联安全性方案研究［J］．中国新技术新产品，2017（01）：145.

［12］牛娅敏．基于身份加密技术的网络支付系统的研究［J］．电子设计工程，2020，28（05）：116-120.

［13］曹晓静．移动智慧校园规划与建设研究［J］．中国教育信息化，2017（19）：33-36.

［14］张桂花．数字校园环境下的统一身份认证平台建设［J］．中国教育技术装备，2016（23）：2-8.

［15］李以斌，牟大伟．基于数字证书的教育云可信实名身份认证和授权的研究［J］．网络空间安全，2016（9）：40-44.

［16］刘凤华．身份认证和数字签名在某银行安全信息系统中的应用［D］．北京：北京邮电大学．2007.

［17］薛安松．电子支付安全协议的探讨［J］．数字技术与应用，2016（11）：194.

［18］包明友，吴云．如何证明你是你：数字身份认证在金融中的应用［J］．金融市场研究，2020（6）：113-120.

［19］孟繁玉．智慧城市之身份认证系统建设［J］．中国信息界，2019（4）：76-77.

［20］张伟，王明倩，胡雄强．浅析智能家居系统的安全性防护［J］．微型电脑应用，2020（36）：13-15.